酪総研選書 No.93

増補版 生乳流通と乳業
―― 原料乳市場構造の変化メカニズム ――

名寄市立大学保健福祉学部教養教育部講師
清水池 義治 著

デーリィマン社

改定増補版まえがき

　本書初版が発行されたのは2010年3月であるから，それから5年近くが経過したことになる。この間，わずか5年間だが，様々な事態が起き，わが国の酪農乳業を取りまく情勢は激変していると言っても過言ではない。特に，5年ほど前は生産調整ではない新たな過剰対策をあれこれと考えていたが，まさか数年の後に恒常的な生乳不足に見舞われるとは正直想像していなかった。

　本書は，2009年3月に北海道大学大学院農学院に提出した博士論文「原料乳市場構造の変化メカニズム―乳業資本および生乳生産者団体の市場行動に着目して―」をベースとしている。博士論文は執筆時期の関係で，2007年以降の飼料など資材価格高騰を受けた内容を分析に含んでいないため，初版では国際乳製品価格高騰とバター不足，ならびに資材価格高騰と乳価問題に関する2つの論稿を加え，補論とした。本論は，1990年代に乳製品過剰対策として開始された「生クリーム対策」が，同対策に積極的に対応する乳業資本と対応できない乳業資本とに企業行動を分化させ，その結果，北海道の原料乳市場構造に顕著な変化をもたらしたという結論である。初版に掲載した本論・補論の内容に修正点はない。現時点からすると稚拙な分析手法も見受けられるが，あえてそのままとした。その点はご容赦願いたい。なお，分析対象期間である1990年代から2007年までの需給動向は過剰傾向が基本だったが，周知の通り，その後，逼迫傾向へと転換した。過剰下で形成されてきた生乳取引方法が，現在の逼迫下で，過去の過剰下とは異なる形態でその矛盾を顕在化させてきており，これからの生乳取引を考える上でも本書の内容は意義を持つと考える次第である。

　また，今回の改定増補版では，環太平洋パートナーシップ協定（以下，TPP）締結によって乳製品関税が撤廃された場合に，酪農分野でどのような影響が生じうるかを分析した補論を新たに追加した。詳細は本文を参照いただきたいが，内閣府等から公表されている既存のTPP影響試算

における前提条件を採用しつつも，独自の方法で試算を行い，既存試算はTPPによる国内影響を過大に評価している可能性を示唆した。念のため，断っておくが，著者のTPPに対する政治的立場は否定的なものである。一方で，関税撤廃に関する影響試算の前提条件やシナリオが，客観的に妥当かどうかは冷静な検討が求められる。関税撤廃の影響を実際以上に過大評価し，畜産農家の営農継続意欲が失われてしまうことは，日本畜産の将来にとって望ましいことではないと考えるからである。TPP交渉がいつ・どのような形で終幕を迎えるか現時点では定かではないが，TPP参加を巡る議論で本稿が客観的な資料として活用されれば幸いである。

　最後に，関係する皆様に謝辞を述べたい。北海道大学名誉教授の飯澤理一郎先生には，学部から大学院時代まで懇切丁寧なご指導をいただいた。私が研究者の道を歩むことを決意するに至ったのは先生との関係なしには考えられず，これまでのご指導に対し，改めて感謝申し上げたい。北海道大学名誉教授の三島徳三先生には学部・大学院修士課程の所属講座教授として指導を仰いだほか，私が初めて教員として赴任した名寄市立大学では同僚教員として研究者の基本的立場を日々ご教授いただいた。厚く感謝の意を表したい。また，2006年から2年半ほど雪印乳業株式会社酪農総合研究所（当時）にて研究員として勤務する機会を得た。博士論文に至る研究面でも社会人経験という面でも，得難い経験であった。（一社）中央酪農会議の並木健二氏をはじめ，当時の同僚の皆様に御礼を申し上げたい。

　私事で恐縮だが，この5年間で最も大きな変化は結婚して家庭を持ったことである。家族あっての研究生活であって，その逆ではないことを痛感した5年間であった。妻・継代と娘に心から感謝したい。ありがとう。

2014年11月
清水池義治

目　　次

第1章　問題の所在と課題設定 ……………………………………2
　第1節　問題の所在 ………………………………………………2
　第2節　既存研究の整理 …………………………………………3
　第3節　課題設定と分析視角 ……………………………………9
　第4節　本書の構成 ………………………………………………13

第2章　生乳需給および生乳取引制度の展開 ……………………16
　第1節　本章の課題 ………………………………………………16
　第2節　生乳生産および需給の推移 ……………………………16
　第3節　不足払い体制と生乳計画生産 …………………………21
　第4節　生乳計画生産下の用途別取引 …………………………26
　第5節　小括 ………………………………………………………30

第3章　1990年代以降における牛乳乳製品需給の特徴 …………34
　第1節　本章の課題 ………………………………………………34
　第2節　牛乳およびバター・脱脂粉乳の需要停滞と減少 ……34
　第3節　業務用乳製品需要の増加とその性格 …………………40
　第4節　国産チーズ振興とチーズ需要の構造 …………………50
　第5節　小括 ………………………………………………………58

第4章　生乳生産者団体の原料乳分配方法による原料乳市場構造の変化
　　　　──北海道指定生乳生産者団体ホクレン農業協同組合
　　　　連合会の「優先用途」販売方式に着目して── ……62
　第1節　本章の課題 ………………………………………………62
　第2節　ホクレンの「優先用途」販売方式 ……………………63
　第3節　原料乳市場構造と原料乳取引の展開 …………………66

第 4 節　原料乳分配方法に規定された原料乳市場構造の変化 ‥‥69
   第 5 節　小括 ‥‥‥‥‥‥‥‥‥‥‥‥‥‥‥‥‥‥‥‥‥‥73

第 5 章　原料乳市場構造の変化を規定する生乳生産者団体の市場行動
　　　　──北海道指定生乳生産者団体ホクレン農業協同組合
　　　　　連合会を事例として── ‥‥‥‥‥‥‥‥‥‥‥‥‥‥76
   第 1 節　本章の課題 ‥‥‥‥‥‥‥‥‥‥‥‥‥‥‥‥‥‥‥76
   第 2 節　ホクレンによる生乳取引の特徴 ‥‥‥‥‥‥‥‥‥‥77
   第 3 節　生乳需要の変化と用途別販売量 ‥‥‥‥‥‥‥‥‥‥79
   第 4 節　ホクレンの生乳販売戦略 ‥‥‥‥‥‥‥‥‥‥‥‥‥82
   第 5 節　ホクレンの市場行動の経済効果 ‥‥‥‥‥‥‥‥‥‥84
   第 6 節　小括 ‥‥‥‥‥‥‥‥‥‥‥‥‥‥‥‥‥‥‥‥‥‥92

第 6 章　原料乳市場構造の変化を規定する大手乳業資本の市場行動
　　　　──大手乳業資本 3 社の事例を中心に── ‥‥‥‥‥‥96
   第 1 節　本章の課題 ‥‥‥‥‥‥‥‥‥‥‥‥‥‥‥‥‥‥‥96
   第 2 節　乳業の産業組織 ‥‥‥‥‥‥‥‥‥‥‥‥‥‥‥‥‥96
   第 3 節　大手乳業資本の製品戦略と生産設備投資 ‥‥‥‥‥‥99
   第 4 節　大手乳業資本間における原料乳調達戦略の差異とその要因‥‥104
   第 5 節　原料乳市場構造変化の意味 ‥‥‥‥‥‥‥‥‥‥‥111
   第 6 節　小括 ‥‥‥‥‥‥‥‥‥‥‥‥‥‥‥‥‥‥‥‥‥113

第 7 章　総括と展望 ‥‥‥‥‥‥‥‥‥‥‥‥‥‥‥‥‥‥‥‥116
   第 1 節　総括 ‥‥‥‥‥‥‥‥‥‥‥‥‥‥‥‥‥‥‥‥‥116
   第 2 節　展望 ‥‥‥‥‥‥‥‥‥‥‥‥‥‥‥‥‥‥‥‥‥121

参考・引用文献 ‥‥‥‥‥‥‥‥‥‥‥‥‥‥‥‥‥‥‥‥‥‥124

図表目次

図1－1	本書の分析視角	11
図1－2	本書の構成	14
図2－1	北海道と都府県の生乳生産量の推移	18
図2－2	北海道と都府県の酪農家1戸あたり飼養頭数の推移	18
図2－3	生乳需給の推移	19
図2－4	北海道と他の主産地の生乳価格の推移	21
図2－5	不足払い法の仕組み（1987～2000年度）	22
図2－6	加工原料乳限度数量と保証価格・基準取引価格の推移	23
図2－7	生乳の地域間流通量（農政局別）	25
図2－8	ホクレンの取引用途の変遷	28
図3－1	牛乳消費量および牛乳等向け生乳仕向け量	35
図3－2	牛乳以外の牛乳等の生産量	36
図3－3	バターと脱脂粉乳の推定期末在庫量（月間需要量換算）	37
図3－4	乳製品の品目別輸入量の推移（生乳換算）	38
図3－5	乳製品の生産量・消費量	40
図3－6	業務用チーズの需要構造（2001年度）	57
図3補－1	牛乳乳製品の製造工程	59
図4－1	北海道における原料乳市場構造（2007年度）	67
図4－2	乳業資本の原料乳購入シェア（北海道）	68
図4－3	各社の原料乳購入シェア・用途構成の変化	69
図5－1	ホクレンの用途別販売量	81
図5－2	想定条件下での販売量の推移	86
図5－3	ホクレンの用途別乳価（相対価格）	87
図5－4	1990年度の用途別乳価加重平均	90
図5－5	2007年度の実際および「輸入置き換え」ケースの用途別乳価加重平均	90

補論1　国際乳製品価格の高騰とバター不足 ･････････････････138
　第1節　本論の課題 ･････････････････････････････････138
　第2節　国際乳製品価格の高騰要因 ･････････････････････138
　第3節　「食料危機」以降のバター需給の推移 ･････････････143
　第4節　バター不足の発生要因とその影響 ･･･････････････144
　第5節　小括 ･･･････････････････････････････････････147

補論2　農業資材価格の高騰と乳価問題 ･････････････････････150
　第1節　本論の課題 ･････････････････････････････････150
　第2節　農業資材価格の高騰と生乳生産費の上昇 ･････････150
　第3節　酪農経営の悪化と乳価交渉 ･････････････････････152
　第4節　乳価問題から見える酪農乳業の課題 ･････････････155
　第5節　小括 ･･･････････････････････････････････････158

補論3　酪農分野におけるTPP影響試算の考察 ･････････････160
　第1節　本論の課題 ･････････････････････････････････160
　第2節　TPP影響試算における酪農分野への影響 ･････････161
　第3節　国産乳製品から輸入乳製品への需要シフトの可能性 ･･･162
　第4節　北海道酪農における飲用乳生産特化の可能性 ･･･････168
　第5節　小括 ･･･････････････････････････････････････179

はじめに

　農業経済学という学問に取り組むようになって，約10年が経過した。研究を進めるにつれて，農業経済学とは何かという問いに明確な解答をするのがさほど簡単なことではないと考えるようになった。経済学との関係で農業経済学をどのように位置づけるかという点で，特にそう思うのである。戦後を代表する経済学者の一人である大内力は著書『農業経済学序説』の中で，農業経済学の対象を農業のみに限定することは許されないとした上で次のように述べている。すなわち，「農業の運動自体が，農業それ自体の内在的な発展のみによって生ずるものではない。むしろ農業をとりまく資本主義の運動の作用を外から受けながら，それと内在的な展開力との関連のなかで，農業の現実的な運動が展開されるのである」（大内力『農業経済学序説』時潮社，1971年，p.58より。傍点は原著のまま）。研究の上で，私が常に念頭においている視点である。

　近年，わが国の酪農乳業で生じている事態から見えてくるのは，農業の「外」に存在する資本主義経済に翻弄される農業の姿である。未曾有の「大津波」は，まず押し潮としてやってきた。2007年，米国のバイオエタノール増産計画の発表，サブプライム・ローン問題による投機資金の食料市場への流入，新興諸国の旺盛な需要などを背景として，世界的な食料価格の高騰が引き起こされた。食料価格の高騰は，輸入飼料に依存したわが国の酪農経営を窮地に追い込むとともに，高騰した輸入品を忌避した国内ユーザーが国産乳製品へ急激にシフトすることで，バター・脱脂粉乳の不足が生じたのである。これを受けて減産型計画生産は2008年度には増産型に転換，そして酪農経営を支えるべく約30年ぶりに円単位の乳価引き上げが実施された。

　巨大な押し潮のあとに来るのは，急速な引き潮である。サブプライム・ローン問題は最終的に2009年秋に金融危機（リーマン・ショック）を引き起こし，世界大恐慌以来と形容される世界同時不況に突入した。2010年1月現在，わが国の牛乳乳製品需要は大きな落ち込みを見せている。

2009年度上期時点で牛乳生産量は前年比10％減となり，近年にない減少幅となった。また，国際乳製品価格が下落したためにユーザー需要が再び海外産へとシフトしたこと，そして景気後退の本格化により，国産のバター・脱脂粉乳需要も前年比10～15％程度減少したと見られている。この結果，国産乳製品は不足から一転して，深刻な過剰状態を呈している。乳価引き上げによって酪農経営は一息ついたものの依然として厳しい状態が続いており，再度の需給緩和によって将来的な経営見通しは不透明さを増している。また，乳業の側も，乳価引き上げによるコスト増加・景気後退による需要減少と小売価格下落・価格転嫁の困難性など，乳業経営の悪化をもたらす事態に直面している。なかなか進まないと言われていた乳業再編が，明治乳業と明治製菓の経営統合（2009年4月），雪印乳業と日本ミルクコミュニティの統合（同年10月）といったかたちで現実に進みつつある。今後は，中小乳業の経営問題に伴う動きが具体的課題として浮上する可能性もあると考えられる。

　2009年9月の政権交代に伴う農業政策の抜本的改変も，今後の酪農乳業に大きな影響を与えうるファクターである。2010年度から米を対象に「戸別所得補償モデル対策」が始まるが，酪農版のそれは一向に姿が見えてこない。今回の「食料危機」は現行政策体系の不備を浮き彫りにしたが，加工原料乳生産者補給金制度・指定生乳生産者団体制度といった現行の不足払い制度の根幹部分の是非を含めて，酪農関連政策の新たな枠組みが議論されるであろうことは疑いない。

　われわれの食生活にとって牛乳乳製品は必須の食料である。「食料危機」の経験と環境意識の高まりによって，国内で牛乳乳製品を自給する意義が国民的に広く共有されうる基盤が醸成されつつあると言える。安定的かつ持続的な牛乳乳製品の生産・流通・消費，そしてそれらを保障する政策の実現が必要である。これら政策目標の実現に資する研究が今こそ求められていると言えるだろう。

　本書の課題は，乳業資本および生乳生産者団体の市場行動による原料

乳市場構造の変化メカニズムを解明することである。分析期間は1990年代以降，主として北海道の原料乳市場を分析対象とする。第1章で本書の課題と分析方法について述べたのち，第2章では生乳需給・生乳取引制度の展開，第3章では1990年代以降の牛乳乳製品需給の特徴を明らかにする。第4章では北海道における原料乳市場構造の変化を解明する。この変化を規定するものとして，第5章では生乳生産者団体の市場行動，第6章では大手乳業資本の市場行動に着目して分析をおこなう。第7章では本書を総括して今後の展望を示す。

　本論の分析内容は2007年度までを対象としているため，それ以降に起きた一連の画期的事態には触れていない。よって，2つの補論を設けて本論における分析の補遺とした。補論1では国際乳製品価格の高騰とバター不足，補論2では農業資材価格の高騰と乳価問題を取り上げる。

　本書の限界点をあらかじめ指摘しておくと，以下の3点に要約できる。第1に，本書では商系の大手乳業資本の分析が中心となり，農協系乳業・中小乳業の企業行動の解明が不充分な水準にとどまっている点である。現在焦眉の課題となっている乳価問題・乳業再編問題を検討する上でも，これら乳業の分析は欠かせない。第2として，原料乳市場構造の変化が酪農家へ与えた影響に関する評価である。本書で部分的に触れてはいるものの，これも十分とは言い難い。第3に，本書では導かれた結論から日本全体の酪農・乳業の産業間関係への示唆を示したが，都府県の分析が充分になされていないため（第1の限界点とも合わせて），あくまでも仮説にすぎない点である。これらの点は今後の研究課題とし，読者の奇譚のないご意見に期待したい。

　本書は，2009年1月に北海道大学へ提出した学位請求論文「原料乳市場構造の変化メカニズムに関する研究——乳業資本および生乳生産者団体の市場行動に着目して——」をベースに，部分的に加筆・訂正を加えたものである。学位論文の主査をお引き受けいただいた北海道大学大学院農学研究院・飯澤理一郎教授には，学部生時代を含めると9年間にわたるご指導に心から感謝申し上げたい。学位論文にいたる私の研究は，

先生の乳業資本に関する論文を読んだことからスタートした。先生からの激励が研究推進の主動力となり，博士論文提出まで到達できたと考えている。副査の同・坂爪浩史准教授，同・出村克彦教授（当時）の懇切丁寧なご指導にも深謝いたしたい。

　本書の執筆にあたって調査に協力いただいた，北海道指定生乳生産者団体ホクレン農業協同組合連合会酪農部，社団法人中央酪農会議，社団法人日本酪農乳業協会，社団法人日本乳業協会，農林水産省牛乳乳製品課，北海道農政部，関東生乳販売農業協同組合連合会，関係乳業会社の方々にも感謝申し上げる。

　私は，博士後期課程に在籍中の2006年5月から2008年9月まで，雪印乳業株式会社酪農総合研究所（当時）にて勤務する機会に恵まれた。調査だけでは読み取ることのできない酪農乳業界の雰囲気・空気を感じ取ることのできた貴重な経験であった。この経験がなければ，本書がなかったと言っても過言ではない。歴史と伝統ある雪印乳業の社員として働けたことは私にとって誇りであり，酪総研での経験は生涯忘れないであろう。ともに働くことのできた同僚に心から感謝したい。2009年10月，雪印乳業は日本ミルクコミュニティと統合し，雪印メグミルク株式会社として再スタートを果たした。雪印乳業の総合乳業としての復活を祝うと同時に，同社の益々の発展に期待したい。

　最後に，いつも温かく私を見守ってくれた父・有治，母・由美子に感謝し，本書を捧げたい。

2010年1月
清水池義治

図5－6	北海道と都府県の生乳出荷額の推移	91
図6－1	大手乳業資本の生産設備評価額	103
図6－2	大手乳業資本の地域別処理量の変化	105
図6－3	バター在庫量の推移	108
図6－4	脱脂粉乳在庫量の推移	108
図7－1	原料乳市場構造の変化メカニズム	118
図補1－1	国際乳製品価格の推移	142
図補1－2	バターの在庫量と需要量の推移	143
図補1－3	バターの国内価格と輸入価格の推移	146
図補2－1	配合飼料・輸入乾草価格の推移（月別）	151
図補2－2	搾乳牛1頭あたり家族労働報酬の推移（全国）	154
図補2－3	牛乳の消費者物価指数と卸売物価指数の推移	157
図補3－1	乳製品輸入量の内訳（生乳換算，2012年）	163
図補3－2	加工原料乳の月別発生量（3月＝100）	176

表2－1	酪農乳業の主要動向	17
表2－2	ホクレンによる生乳計画生産の変遷	29
表2－3	ホクレンへの補給金・補助金交付実績	30
表3－1	農畜産業振興機構（ALIC）による乳製品輸入量	39
表3－2	消費量に占める業務用乳製品の割合	42
表3－3	乳製品の消費用途（2006年度）	43
表3－4	業務用乳製品供給企業の市場シェア（2005年度・物量）	44
表3－5	業務用乳製品市場の3類型	45
表3－6	北海道における大手乳業資本のチーズ増産計画	50
表3－7	ナチュラルチーズの生産量・輸入量	53
表3－8	国別・種類別ナチュラルチーズ輸入量，輸入単価（2007年1～12月）	54
表3補－1	牛乳乳製品の種類	59

表4－1	ホクレンの取引用途区分	63
表4－2	用途別乳価の推定方法	71
表4－3	北海道における原料乳市場構造の変化	71
表5－1	ホクレンの価格設定の考え方	79
表5－2	想定ケース内容	85
表5－3	計測結果	88
表6－1	乳業の市場構造	97
表6－2	大手乳業資本の生産・販売シェア	99
表6－3	大手乳業資本3社の概要	100
表6－4	大手乳業資本の売上高内訳（上位4分類）	100
表6－5	大手乳業資本の工場新設・閉鎖状況	103
表6－6	大手乳業資本の1工場あたり生産設備評価額・従業員数	103
表6－7	大手乳業資本のバター・粉乳の生産量と販売量との乖離	109
表6－8	売上高と全国集乳量の相関関係	111
表6－9	売上高に占める原料乳購入費比率と利益率の相関関係	112
表補1－1	主要国の乳製品輸出入量（2006／07年度）	139
表補1－2	世界の乳製品輸出入量の変化率	141
表補2－1	生乳生産費の変化（全国・乳脂肪分3.5％換算乳量100kgあたり）	152
表補2－2	酪農家戸数の推移	154
表補3－1	酪農分野におけるTPP影響試算の比較	161
表補3－2	乳製品の内外価格差（2008～2012年度5カ年平均）	164
表補3－3	乳製品の品目別消費用途（2010年度）	165
表補3－4	ホクレンによる生乳移出の概要（2012年度）	169
表補3－5	TPP締結後の地域別・用途別供給量の月別試算結果	175
表補3－6	試算結果の総括表	176
表補3－7	TPP締結によるホクレン・プール乳価の変化	178

第 1 章　問題の所在と課題設定

第1章　問題の所在と課題設定

第1節　問題の所在

　農業と食品産業は，原料農産物取引を通じて相互の産業構造に影響を与えてきた。特に農業は，食品産業の原料農産物需要の動向に大きく規定される。原料農産物価格の引き下げ，あるいは国産原料から輸入原料への置き換えといった食品産業による原料調達戦略の変化は，時として農産物の地域・国内生産基盤の存廃をも左右した。歴史的変化をたどると，農業と食品産業との取引関係は大きく変容してきた。食品産業の側からみれば，卸売市場を介在した取引から，農協や生産者グループとの直接相対取引そして垂直統合とその内容は多様化している。一方で農業の側も，農協共販による卸売市場流通あるいは流通業者との直接取引，そして農協あるいは農業生産者自身による農産物加工など実に多彩な展開をみせている。そういった中で，当然にも農業と食品産業との相互作用関係も従来と比して変化していると思われる。
　原料農産物取引形態の多様化という一般的傾向からすれば，酪農と乳業における原料乳取引形態は特異であると言える。第1に，1966年度から施行された「加工原料乳生産者補給金等暫定措置法」（以下，不足払い法）によって，実質的な地域独占を政策的に保障された「指定生乳生産者団体」（以下，指定団体）と乳業資本との直接相対取引という原料乳取引形態が40年以上にわたって維持されてきた（「一元集荷多元販売」）。近年では酪農家自身や小規模業者による乳製品加工も増加しているが，依然として指定団体と乳業資本との間の原料乳取引が全体の9割超を占め，圧倒的に優勢である。第2に，生乳および牛乳の製品特性，そして脱脂粉乳・バターに対する輸入禁止的な高関税率の設定により，牛乳乳製品需要者は相当量の国産製品を，よって乳業資本は原料乳を国内酪農に求めざるを得ない。これによって，酪農と乳業が「車の両輪」とも称される一蓮托生的な関係を帯びることになる。第3として，国内の原料乳市

場は酪農(この場合の「酪農」は,生乳販売単位としての酪農),乳業ともに寡占構造をとる双方寡占の状態にある。よって,個々の生乳生産者団体ならびに乳業資本の行動が原料乳の市場構造に大きな影響を及ぼすことになる。

酪農と乳業は原料乳市場での原料乳取引関係によって結節している。酪農にとって原料乳市場は自己の生産物である生乳を販売する場であるので,原料乳市場からの規定が強いのはもちろんだが,乳業資本にとっても原料乳調達ができるのは国内の市場に限定されるために国内市場からの規定が強いことが予想される。酪農および乳業の市場行動は国内の原料乳市場構造からいかなる規定を受けているのか,そして両産業の市場行動によって原料乳市場構造がいかなる変化をしているかが問題となろう。

第2節　既存研究の整理

本節ではわが国の酪農乳業を対象とした既存研究について検討する。

まず乳価に関する研究は,三田〔1979〕のように農民層分解を促進する乳価水準に政策価格が設定されていることを指摘した上でそれを問題視する論調がある一方,不足払いによる価格支持が酪農の生産性向上を阻害しているとする主張がなされ,「現行乳価をどの程度に設定すべきか」という政策価格を中心とする内容から開始された。

1970年代から生乳流通の広域化が進展すると「牛乳の南北戦争」と呼ばれる事態に発展し,特に北海道と都府県の生乳生産者団体間の緊張状態を生じさせるに至った。この事態を受け,生乳の移出入関係(生乳生産者団体間の競争・協調関係)が乳価をどう変動させるかを計量的に測定する研究がおこなわれた。早くは小林〔1983〕,伊藤〔1989〕らによる研究があるが,いずれも完全競争モデルであり理論的上限値を示すにとどまっていた。これに対し,鈴木〔2002b〕はより現実に即した不完全競争空間均衡モデルによる計測をおこない,現実的な協調関係の枠組みの下で目標水準となりうる乳価を測定した。その前提として鈴木〔2002a〕

では加工原料乳価と飲用乳価との連動性分析から北海道からの際限ない生乳移出は都府県との共倒れを招くと論証し，これを防止するための「とも補償」などの協調関係の方向性を明示した。

　生乳生産者団体による生乳共販は単なる有利販売ではなく，1980年代以降における生乳共販は需給調整と密接な関係をもって展開されたことを特徴とする。小林〔1996〕は生乳共販の展開を，需給調整をめぐる生乳生産者団体間の競争と協調の過程として論じた。そして並木〔2006〕は生乳共販事業を需給調整の視点から考察し，生乳生産者団体間の協調の意義を認めつつも諸々の限界性が生じているとして，全国単位の生乳共販組織の必要性を主張した。前田〔1995a〕は計画生産による生乳需給調整の展開と，それに伴って生起した地域間の利害調整が計画生産制度を緻密化させつつ実施されてきた過程を論じた。この計画生産との関係では，梅田〔1999〕は生乳生産者団体による計画生産枠の地域的配分方法が地域酪農構造に与えた影響について考察している。若干異なる視点からの研究としては矢坂〔2000〕があり，需給調整を生乳生産者団体と乳業資本との対抗ではなく「提携」の中に位置づけるべきとの問題意識により，実例の分析を通じて提携関係を実現しうる共販条件を提示している。

　不足払い制度の下での需給問題については，特に1970～1980年代にかけて多くの研究者から論究がなされた。とりわけ1970年代末の過剰に際して新たな需給調整方式が導入されると，そのための調整費用を誰が負担すべきか，という政治問題を意識した議論となった。論調は主に3つに分かれる。第1は「構造的過剰」を主張する梶井〔1981〕，千葉〔1993〕，山田〔1978〕である。梶井〔1981〕は国家独占資本主義における価格政策，千葉〔1993〕は乳製品輸入の常態化，山田〔1978〕は専業酪農体制の増産不可逆性と重点をおくポイントは異なるが，過剰の恒常化傾向という視点は共通である。第2の鈴木〔1973〕〔1976〕〔1978〕〔1985〕は前者の主張する現象の需給動向への作用を認めつつも不可逆的な過剰とは言えず，過不足の変転の様態，つまり需給緩和・逼迫の現象形態が1970年代末か

ら変化し，それによる酪農や乳業への影響を注視すべきだとした。また過剰は酪農と乳業とで意味が異なり，その違いを区別して認識すべきと述べ，需給問題議論の整理に一石を投じた。第3の大塚〔1985〕は，過剰の原因は価格支持そのものにあるとして価格形成の自由化を主張した。筆者としては，第2の視点が現実をより正確に捉えていると考える。その上で1970年代末における需給の構造的変化とその要因が確認されるべきであろう。

　牛乳乳製品の流通を扱ったものとして古くは松尾〔1966〕，川島〔1972〕，石原〔1979〕がある。1960年代以前は乳業資本系列の牛乳販売店や零細小売店など，乳業資本の製品供給に対して受動的対応しかなしえない主体による流通が中心であった。しかし，70年代になると大きく変容を遂げてくる。量販店など大規模小売流通の登場である。三田〔1982〕，鈴木〔1990〕，小林〔2000〕では量販店向け流通が中心となっている現状と，量販店への対応が乳業資本や酪農に与える影響の大きさが指摘されている。もはや昔年のように受動的な対応しかしない小売ではなく，能動的な対応をする小売への転換である。

　1980年代以降に不足払い法による需給調整メカニズムが大きく変容したと言われるが，それに関する研究として注目されるのが矢坂による一連の研究である。矢坂〔1988a〕〔1988b〕は1980年を前後して不足払い制度の需給調整機能が十全に発揮されなくなり，乳業資本の余乳処理行動（需給調整）が変わったと指摘する。つまり，乳業資本は原料乳調達を特定地域に固定せず広域的に調達することで余乳処理コストの圧縮をはかったのである。その結果，このコストは需給調整コストとして生乳生産者団体によって負担されることとなったのである。こうした需給調整メカニズムの変化が乳業資本の企業行動・競争関係に与えた影響については矢坂〔1991a〕〔1991b〕〔1995〕があり，そこでは量販店など乳製品需要者との関係も合わせて論じられている。このように，矢坂の研究は市場競争だけではなく需給調整をも各主体の行動要因として把握するという特徴をもつ。それゆえに直接には需給調整のメカニズムを分析対象

としているが，乳業資本や生乳生産者団体の行動変化とその要因分析は既存研究の中で最も秀でた成果をあげたと評価できる。小金澤〔1995a〕も矢坂に近い視点を有するが，特に生乳生産者団体による乳業資本への配乳方式に注目し，1980年代以降は「定時定量」から「必要時必要量」への配乳方式の移行が促進されたとした。生乳生産者団体による需給調整コスト負担の一端である。

　従来マルクス経済学の立場から，大手乳業資本の独占的地位を利用した「独占価格」の問題，低乳価による「収奪」・支配関係の問題が指摘されてきた。しかし，これら「独占資本」の行動がいかなる資本の蓄積様式でなされているかが解明されねば，資本としての行動を明らかにできない。こういった問題意識のもと，乳業資本の行動を根底で規定する「資本蓄積構造」という視角から分析したのが飯澤〔2001a〕である。この方法にもとづき，大手3社の収益構造と雪印乳業の特異性を指摘した清水池・飯澤〔2005〕，そして北海道での生産設備投資・運用を分析した清水池〔2007〕といった研究がなされた。

　経済地理論の視角からは梅田〔2003〕，田中〔1995〕〔1996〕がある。梅田〔2003〕では，生乳流通の広域化に対応した工場配置および企業組織の再編から，乳業資本の企業戦略の変化を具体的に分析した。特に工場配置や原料乳供給の方式は生乳生産者団体と乳業資本との関係をみる上で重要な視角となろう。

　産業組織論のフレームワークを用いた飯国〔1984〕は，4つの移動障壁から大手乳業メーカーによる寡占の形成・変質・崩壊過程を分析した。そして，その間隙をぬって成長した農協系乳業メーカーの競争優位性の源泉を示したのが飯国〔1985〕である。また樋口・本間〔1990〕は乳業での多角化（「市乳」と「乳製品」）が範囲の経済性をもたらし，さらにその範囲の経済性が結果として規模の経済性をも生じさせていることを示唆した。これら産業組織論による分析は乳業段階における水平的関係＝競争関係の解明で得るものは大きい。

　消費・小売段階に関する研究は以下の2つがある。氏家〔2007〕は，

スキャンパネルデータ分析により特定製品を購入するロイヤル層の消費行動が牛乳の収益性に大きく影響を与えたと明らかにし，価格以外の製品戦略の可能性を示唆した。釜屋・小野〔1997〕は現状における小売店の牛乳販売に関するマーチャンダイジングは価格政策が中心であり，特に中小乳業資本にとって独自のロイヤリティをいかにアピールするかが重要であるとした。

　酪農と乳業との関係性に焦点を当てた研究はさほど多くはない。不足払い法制定以前を中心に扱った松尾〔1966〕と石原〔1979〕では，酪農と乳業の関係は工場立地などの地理的条件が中心であった。この関係が同法制定以後，地理的条件から，不足払い制度といった政策や全国的な市場条件を通じた関係へと徐々に転換してゆくのである。梅田〔2007〕は1980年代以降，酪農地域構造が生乳生産者団体の計画生産と乳業資本の企業行動とによって再編されるメカニズムを論証した。これより若干川下段階の視点を含むのが岩佐〔1999〕であり，京都府を対象に量販店による流通再編が乳業資本と酪農に与える影響を示した。さらにKinoshita, J. et al.〔2006〕は各段階の価格データから水平的競争度を求め，これに規定された酪農協（生乳生産者団体）——乳業メーカー——量販店間の垂直的パワーバランスを計量的に解明した。

　以上の既存研究から，本書との関係で重要な点を指摘しておく。第1として，1970年代末から1980年代初頭にかけて需給や制度などに広範囲にわたり構造的な変化が生じ，それによって乳業資本や生乳生産者団体の行動が大きく変容したという点である。それに伴い，第2に酪農・乳業といった各段階の問題が相互に密接した関係をもって連動する傾向になったこと，そして第3に酪農と乳業との関係は，需給や価格などの市場条件がストレートに伝わる産業間関係に純化しつつあることである。

　さて，本書と特に関係の深い既存研究は以下の3者の研究である。以下では本書の課題との関係でこれら既存研究の意義を述べる。

　矢坂〔1988a〕〔1988b〕は，1960年代からの不足払い法を中心とする生乳需給調整の展開とその問題点の発生を分析した。特に1980年代に不足

払い法の需給調整機能が低下すると，乳業資本が従来の地域固定的な集乳基盤を放棄して広域的な原料乳調達方式にシフトしつつある点を指摘した。この動きを乳業資本と生乳生産者団体とが需給調整の費用負担を相互に「押し付け合」う過程と評価した。この研究は，生乳の需給調整メカニズムが原料乳取引に関わる各主体の行動を大きく規定していると解明した重要な研究と言える。しかし，需給調整メカニズムそれ自体が分析の中心であるので，需給調整費用負担の「押し付け合い」が生乳生産者団体および乳業資本の市場行動にとってどういった意味があるのかは必ずしも明確ではない。

並木〔2006〕は生乳生産者団体による生産調整（生産抑制）によらない需給調整，つまり生乳の広域流通・生乳需要の新規開拓・地元乳業への優先給乳・農協プラントの設立などを対象として，生乳共販を通じた需給調整（乳業資本に依存しない需給調整として意義付けされる）の具体的な態様を明らかにした。また，これらの需給調整が全国の生乳生産者団体間の協調関係をもとに推進されてきた点を重視して，全国を事業領域とする単一の生乳共販組織を展望した。フィールド調査で収集された独自の一次データにもとづく分析によって，生乳共販における需給調整の意義を明快にしたと言える。ただし，乳業資本の市場行動が与件として扱われていることにより，原料乳取引を通じた乳業資本の原料乳調達戦略の変化とそれによる生乳共販への反作用といった視点が希薄化している懸念がある。

梅田〔2007〕は「マクロ」（全国）・「メソ」（共販組織・県単位）・「ミクロ」（集乳組合・市町村単位）の各スケールにおける酪農の地理的立地の編成原理を，生乳計画生産の生産枠配分方式および乳業資本の原料乳調達の地域的変化という2つの視角から解明した。詳細な実証研究であり，本書との関連性は大きい。ただし，あくまでも酪農の地域的編成原理が研究の主眼なので，生乳および牛乳乳製品需給と関連づけた分析はあまり多くはない。また雪印乳業の原料乳調達の分析は有益だが，他の乳業資本との原料乳調達および製品販売をめぐる競争関係はあまり考慮され

ていない。本書の分析フィールドよりやや「川上」側を対象とした研究と言える。

以上の既存研究の検討から，乳業資本と生乳生産者団体とが原料乳取引を通じて，互いの市場行動にどのように影響を与えているかという点での研究が求められていると言える。

第3節　課題設定と分析視角

1．課題の設定

本書の課題は，乳業資本および生乳生産者団体の市場行動による原料乳市場構造の変化メカニズムを明らかにすることである。特に，市場構造の変化の過程で原料乳取引に関する一制度である「用途別取引」制度が果たした機能について注目する。原料乳における用途別取引は，同質の原料乳でありながら仕向けられる牛乳乳製品用途によって価格・分配方法といった取引条件に区別を設ける取引方式である。そして原料乳市場構造の変化が，乳業資本，生乳生産者団体をはじめとする関係主体にどのような意味を有するかを考察する。

原料乳市場は乳業資本と生乳生産者団体との間で原料乳取引がおこなわれる場であるから，原料乳市場構造は乳業資本の原料乳調達戦略と生乳生産者団体の生乳販売戦略とに直接的に規定されて変化する。換言すれば，原料乳市場構造の変化自体に乳業資本と生乳生産者団体との原料乳取引の性格，あるいは特徴が現象すると考えられる。さらに付言すると，乳業資本の原料乳調達戦略は牛乳乳製品需要，原料乳価格・供給量，そして不足払い制度・乳製品の国境措置をはじめとする国の制度などから影響を受ける。同様に生乳生産者団体の生乳販売戦略は乳業資本の原料乳需要，あるいは不足払い制度など国の生乳取引制度といった要素から影響を受ける。これら影響の作用は一方通行ではなく，双方向的である。このように一見複雑な様相を呈する諸要素間の相互作用性・影響波及過程を，整序立てて論ずることも本書の課題の一部となる。

2．本書の分析視角

　本書の分析視角を既存理論との関係で位置づけると以下のようになる。

　農業市場論やフードシステム論といった流通構造論は，個別の企業(食品加工資本)と原材料供給者（農協，農業生産者など）ないし流通業者（スーパー，卸売業者など）との垂直的な取引関係を主眼にしていることが多く，個別企業が属する産業内の競争関係が明示的に分析枠組みに取り込まれていないことが多い。これは流通構造論の主眼が，個別の加工資本と原材料供給者あるいは流通業者との垂直的関係（支配，包摂，「提携」など）におかれているためである。

　一方，産業組織論は「市場構造」（企業の行動を規定する条件）・「市場行動」（産業を構成する企業の行動の集合）・「市場成果」（市場行動の結果）の3つの基本概念により，「産業組織」（企業の構成する組織体）における産業内・企業間メカニズムを分析する理論である。産業組織論では水平的な競争構造が主要課題である。近年の研究では流通構造論が対象とする垂直的関係も分析対象に取り込まれつつあるものの個別企業レベルの選択行動に限定され，産業組織全体への影響を対象とする分析は多くないと指摘される[1]。そういった中で新山〔2001〕が牛肉を対象として，Kinoshita, J. et al.〔2006〕が酪農協―乳業メーカー―スーパーの3産業間での垂直的パワーバランスを計量的に計測するなど，産業レベルでの研究が進展している。

　本書が分析対象とするのは，酪農および乳業の産業組織が原料乳取引という点で結節する原料乳市場である。その点で水平的な構造（競争・協調構造）と垂直的な構造（取引・結合構造）を明示的に結びつけたフレームワークが求められる。そこで本書では既存の産業組織論の理論，ならびに新山〔2001〕の産業組織論フレームワークを援用しつつも，わが国の酪農乳業の特性を踏まえて修正を加えたSCPアプローチ[2]を用いる。

---

[1] 新山〔2001〕p.27を参照。
[2] このような修正を加えた面があるため，産業における基礎条件を市場構造から分けて分析するなど，通常の産業組織論におけるSCPアプローチとは，厳密に一致しない側面がある点には留意されたい。

図1-1に本書の分析視角を示した。一般的なSCPアプローチは「市場構造」,「市場行動」,「市場成果」の3つの概念を用いる。本書では,市場構造(広義)を企業が直接影響を与えることのできない「基礎条件」と「市場構造」(狭義)とに分離した上で,「基礎条件」・「市場構造」(狭義)・「市場行動」・「市場成果」の4つの概念間に双方向的な因果関係を想定する[3]。図中の「酪農の市場構造」が本書の主要な分析フィールドとなる原料乳市場構造であり,以下ではその意味で原料乳市場構造という単語を用いる。

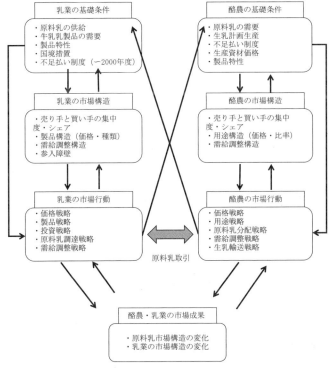

図1-1　本書の分析視角

資料：土井教之編〔2008〕p.3の図1.1をもとに筆者作成。

---

3) 以上は「精緻化された(sophisticated) SCP型産業組織論」のフレームワークにもとづく。詳細は土井教之編〔2008〕, Scherer, F.M. et al.〔1990〕などを参照。

また一般的なSCPアプローチが対象とするのは一産業のみだが，垂直的な取引関係による産業間の相互作用概念を組み入れる。つまり，乳業の市場行動（原料乳調達戦略）が酪農の基礎条件である原料乳需要を規定し，酪農の市場行動（原料乳販売戦略＝価格・用途・分配戦略から構成）が乳業の基礎条件である原料乳供給を規定するといった因果関係で分析をおこなう。なお本書では特に断りのない限り，単に「酪農」と表記した場合は生乳販売面のみの酪農を意味するものとする。よって，実際に生乳を生産する末端の酪農家の行動等を含めない。

3．分析対象の限定

　本書では以上の課題を明らかにするために分析対象の限定をおこなう。限定内容とその理由は以下の通りである。

　第1に，本書では北海道の原料乳市場を主要な分析対象とする。北海道の原料乳市場はわが国の4割程度（物量ベース）を占め，北海道単独で牛乳乳製品需給への影響が大きい。なおかつ1990年代以降に都府県の原料乳市場がその用途構成をほぼ変化させないまま縮小傾向に転じた一方で，北海道の原料乳市場は用途構成を変化させつつその市場規模（物量・金額ともに）を拡大させた。つまりわが国における原料乳市場構造の変化は，主に北海道において生じたことが予想される。

　第2に，主として1990年代以降を分析対象期間とする。これは原料乳市場構造の変化が1990年代以降に生じたためである。なお，原料乳市場構造の変化それ自体を特徴付けるために，必要に応じてそれ以前の期間を取り扱う。

　第3に，生乳生産者団体の分析対象事例は北海道指定生乳生産者団体ホクレン農業協同組合連合会（以下，ホクレン）とする。ホクレンは北海道内の生乳販売シェアが98％であり(2007年度)，また分析対象期間は同一水準のシェアを維持した[4]。よって北海道の原料乳市場構造を生乳販

---

[4] ホクレン販売シェア＝ホクレン販売量／北海道生乳出荷量。なお，生乳出荷量＝「生乳生産量」－「その他向け」（自家消費等）である。「牛乳乳製品統計」より。

売側から主要に規定する生乳生産者団体は，独占的なシェアをもつホクレンであると考えられる。

　第4に，雪印乳業株式会社・森永乳業株式会社・明治乳業株式会社の大手乳業資本3社を乳業資本の対象事例として取り上げる。これら3社は牛乳乳製品市場および原料乳市場で寡占的なシェアをもち，個々の企業行動が原料乳市場構造を規定する度合は大きい。なお，北海道で大手乳業資本に匹敵する集乳量を誇る農協系のよつ葉乳業株式会社[5]についても，北海道の原料乳市場構造を検討する際にはあわせて分析する。

第4節　本書の構成

　本書の課題を以上のような分析視角により解明するために，本書は図1-2のような構成となる。

　本章に続く第2章では，生乳取引制度(不足払い制度，生乳計画生産)と生乳需給の展開過程を対象として，両者の一体的な需給調整メカニズムを明らかにする。第3章では，牛乳乳製品需給について1990年代以降に生じた変化の特徴を述べる。第4章では，北海道の原料乳市場構造を変化させた規定要因のひとつと考えられる生乳生産者団体の原料乳分配方法に注目して，市場構造の変化の特徴を検討する。第5章では，北海道指定団体であるホクレンを対象に，原料乳市場構造の変化を規定した生乳生産者団体の市場行動について分析する。第6章では，大手乳業資本3社（雪印乳業，森永乳業，明治乳業）の事例を中心にして，原料乳市場構造の変化を規定した大手乳業資本の市場行動について分析する。第7章では本書を総括した後に今後の展望について述べる。

---

[5] よつ葉乳業は1967年に十勝管内8農協が出資して設立した「北海道協同乳業株式会社」としてスタートし，全道各地の農協もその後設立に相次いで参加した。1972年に「北海道農協乳業株式会社」，1986年に現在の「よつ葉乳業株式会社」に社名が変更された。主要製造品目は乳製品である。

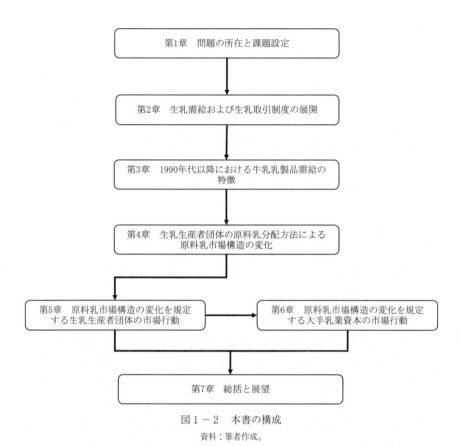

図1−2　本書の構成

資料：筆者作成。

第 2 章　生乳需給および生乳取引制度の展開

第2章　生乳需給および生乳取引制度の展開

第1節　本章の課題

　酪農および乳業の基礎条件である生乳需給は，公共政策と相互作用的な関係をもつ。この場合の公共政策とは生乳取引に関する制度である。わが国では1966年度に施行された加工原料乳生産者補給金等暫定措置法（不足払い法）にもとづく不足払い制度，ならびに中央酪農会議による生乳計画生産が代表的である。後者の生乳計画生産は形式的には指定生乳生産者団体（指定団体）による自主的な取り組みではあるが，実質的には国の政策と連動した取り組みであり，個々の指定団体としては公共政策としての性格を有する[1]。

　本章の課題は，わが国の生乳需給と生乳取引制度とが密接な相互作用性をもって展開してきた過程に着目して，その相互作用的な展開メカニズムを明らかにすることである。本章で対象とする生乳取引制度とは，不足払い制度および中央酪農会議による生乳計画生産である。まず生乳需給の動向を概観した後に，不足払い法の需給調整システムとその機能低下について検討する。次に，不足払い法による需給調整システムを補完する中央酪農会議による生乳計画生産の展開，そしてホクレン農業協同組合連合会（ホクレン）を事例として指定団体レベルでの具体的な用途別取引について分析する。

第2節　生乳生産および需給の推移

1．生乳生産量の推移

　表2－1にわが国の酪農乳業に関する主要な動向を示した。わが国の生乳需給は，不足払い制度がその制度的機能をおおむね発揮した1960～1970年代，そして中央酪農会議による生乳計画生産が実施された1980年代

---
[1] 前田〔1995a〕は「強制参加型」の制度と指摘している。

表2-1 酪農乳業の主要動向

年次	
1961	「畜産物価格安定法」制定（乳製品の価格政策開始） 「農業基本法」制定（「選択的拡大品目」に酪農）
1966	「加工原料乳生産者補給金等暫定措置法」施行 （加工原料乳生産者への不足払い，指定団体制度）
1979	畜産振興事業団，乳製品の市場買入停止（以降，買入なし） 中央酪農会議による生乳計画生産開始
1980	計画減産（1回目）
1980年代前半	「牛乳の南北戦争」発生（北海道からの生乳移出が盛んに）
1985-1986	計画減産（2回目）
1987	チーズ対策（需給緩和対策）開始（加工原料乳からチーズ原料乳を分離）
1993	生乳需給，大幅に緩和。バター在庫量，過去最大の7ヶ月超水準に ホクレン，生クリーム対策（バター過剰在庫対策）を開始 2年連続の計画減産（3回目） 生乳輸送フェリー「ほくれん丸」就航
1995	WTO協定発効，バター・脱脂粉乳輸入自由化（カレントアクセス開始） 生クリーム対策，国の事業へ格上げ 牛乳消費量ピーク，以降は減少に転ずる
1998	明治乳業，市乳部門で雪印を抜きトップに
2000	雪印乳業集団食中毒事件発生
2001	改正不足払い法施行（「保証価格」「基準取引価格」廃止）
2002	雪印乳業，市乳部門を分離（新会社「日本ミルクコミュニティ」誕生）
2003	脱脂粉乳の輸入置き換え対策（脱脂粉乳過剰在庫対策）実施
2005	バターの輸入置き換え対策（バター過剰在庫対策）実施
2006	ホクレン，史上初の生乳廃棄（生乳供給が生乳処理能力を上回る）
2006-2007	2年連続の計画減産（4回目） 大手乳業資本3社，大規模なチーズ増産計画を発表
2007	国際乳製品価格高騰，バター不足の発生 大手の新チーズ工場稼働

資料：筆者作成。

以降の2つの期間に区分できる。2008年度現在までに，特に抑制的な生産調整である計画減産（前年度より生乳生産量を減らす生産調整）が計7回ほど実施された。1980年代に3度，1990年代に2度，そして2000年代に2度である。これら計画減産を契機として，生乳需給に新たな動向が生じているように思われる。

図2-1は北海道および都府県の生乳生産量の推移である。国内の生乳生産量は1990年代前半から停滞している。都府県は振幅の大きい増加線をたどりつつ，1990年を前後して生産量がピークに達した以降は減少傾向にある。それに対して北海道は計画減産の停滞期を挟みつつも，一

貫して増加している。ここ数年は計画減産により停滞しているが，再び増加に転ずると思われる。特に1990年代以降，生乳生産で北海道の占める比率が上昇しており，近年では50％近くに達している。

　北海道および都府県における酪農家1戸あたり飼養頭数の推移を図2－2に示した。1960年には両地域とも10頭以下の水準だったが，2006年現在で都府県は約50頭，北海道は約100頭の水準にまで規模を拡大した。北海道は都府県より急速に頭数規模を増加させ，酪農先進地域であるEUを上回る水準にまで達した[2]。一方で酪農家戸数を1960年と比較すると，2006年現在で都府県は28万戸減の2万戸，そして北海道は5万戸減の8,600戸となっている[3]。このように規模拡大の過程は，同時に多数の零細な酪農家が生乳生産から脱落する過程でもあった[4]。1980年代までは生乳生産量の拡大と規模拡大とが並行して進行した「外延的拡大」の時期であったが，それ以降は生乳生産量が停滞する中で規模拡大は進行する「内延的拡大」の時期となったと言える。

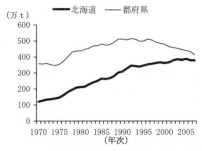
図2－1　北海道と都府県の生乳生産量の推移
　　資料：「牛乳乳製品統計」より作成。

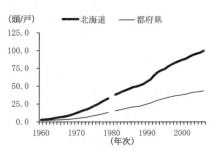
図2－2　北海道と都府県の酪農家1戸
　　　　あたり飼養頭数の推移

資料：「畜産統計」より作成。
注：1）飼養頭数は未経産牛を含めす。
　　2）1975, 1980, 1985, 1990, 1995及び2000年は，センサス実施年により畜産基本調査を休止したため，畜産予察調査および情報収集等による。

---

[2] 北海道では草地開発，機械導入をはじめとする大規模な酪農関連公共投資がなされた。こういった公的投資が地域酪農に与えた影響については北倉〔2000〕を参照。
[3]「畜産統計」より。
[4] 規模拡大の過程はさらに，副業的酪農が専業的酪農となる過程であった。山田〔1978〕はこの専業的酪農の性格から規模拡大が不可逆的に進行しうることを示唆した。

2．生乳需給の推移

　図2－3に生乳需給の推移を示した。まず飲用乳向けに仕向けられた国内生乳を示す「飲用向け生乳国内消費仕向量①」は1960年代以後ほぼ一貫して増加してきたが，1990年代半ばをピークに減少に転じた。これは後の第3章にみるように牛乳消費量の減少を要因としている。一方，国内の乳製品需要量を生乳換算した「乳製品向け生乳＋輸入乳製品国内消費量（生乳換算）②」は増加を続けるが，2000年代に入り横ばい傾向にある。よって，①と②の合計である国内の牛乳乳製品需要量（生乳換算）は2000年代になり戦後初の停滞となった。

　乳製品輸入の性格には1990年代を前後して変化が見られる。乳製品生産に仕向けられた国内生乳の量を示す「乳製品向け生乳国内供給量③」と「乳製品輸入量（生乳換算）④」が，1980年半ばまで片方が増加すればもう片方が減少するという関係にある。これは乳製品の国家管理貿易制度を要因としており，国内乳製品需給が逼迫した際に限って輸入がお

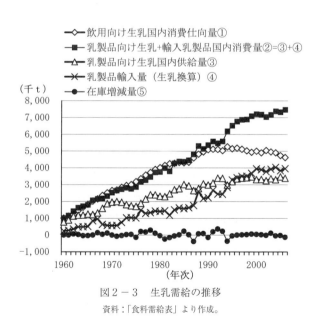

図2－3　生乳需給の推移
資料：「食料需給表」より作成。

こなわれていたためである[5]。つまり，1980年代中葉までの乳製品輸入は国内乳製品需給の補完的性格が強かったと考えられる。だが，この国内乳製品需給と輸入との補完的関係は1980年代後半にかけて次第に変化してくる。1985年過ぎから乳製品向け生乳国内供給量を上回る勢いで乳製品輸入量が増加し始め，1990年代半ばには量的に凌駕するにいたった。以前のような対応関係は現在では希薄になってきている。この理由は，1985年以降の円高の昂進，そしてWTO発足により，国内乳製品需要者が低価格で量的にも安定的に輸入乳製品を利用できるようになったからである。現在では乳製品需要者にとって輸入乳製品は国産乳製品不足時に利用する製品ではなく，その利用は常態化している。図の「乳製品向け生乳＋輸入乳製品国内消費量（生乳換算）②」が乳製品輸入量の増加をほぼ反映した動きをしていることからも，そういった現実が示唆される。

　生乳は貯蔵性のない製品であるので，生乳需給の緩和は貯蔵性のある乳製品在庫の増加として現れる。「在庫増減量（生乳換算）⑤」は1970年代末，1980年代末，1990年代初めに比較的大きな山を形成しているが，これらが生乳計画減産の引き金となった需給緩和を示している。

　次に，**図2－4**は北海道をはじめとする酪農主産地の生乳価格の推移である。北海道では1980年代末の乳価下落が特に大きい。他の産地でも同時期の価格下落がみられるが，1990年代に継続的に乳価下落が生じている点が特徴である。北海道の乳価は1990年代前半の需給緩和時を除いて，強弱はあるがおおむね需給を反映した価格動向と言える。なお，北海道と都府県とで生乳価格水準が大きく異なるが，これは都府県では価格の高い飲用乳向けの比率（「市乳化率」）が高いためである。2006年現在で市乳化率は，都府県80～90％に対し，北海道24％である[6]。

---

[5] わが国の乳製品輸入に関する制度については清水池〔2009〕を参照。
[6] 「牛乳乳製品統計」をもとにした農林水産省牛乳乳製品課による推計。日本酪農乳業協会（j-milk）ホームページより。

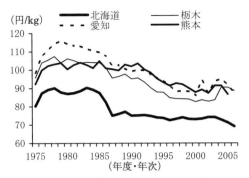

図2-4　北海道と他の主産地の生乳価格の推移

資料：「農業物価統計」より作成。
注：1）生乳生産量は2007年度で栃木は全国2位，愛知は7位（東海1位），熊本5位（九州1位）。
　　2）1995年まで年度，1996年から年次。

第3節　不足払い体制と生乳計画生産

1．不足払い法による需給調整システム

　不足払い法は正式名称を「加工原料乳生産者補給金等暫定措置法」といい，乳製品の需給調整を通じて生乳の価格支持をおこなう目的で1965年度に制定された。不足払い法による需給調整システムの特徴は以下の3点である。第1に「指定乳製品」に対する「安定指標価格」の設定，そして「安定指標価格」を目標価格とした国による乳製品市場への介入，第2に加工原料乳生産者に対する「保証価格」を基準とした不足払い，第3に乳製品の国家管理貿易である。

　不足払い制度の内容を詳述はしないが，国が設定する政策価格の関係は図2-5のようになる。まず，バターおよび脱脂粉乳など「指定乳製品」に関して政策的に望ましい「安定指標価格」を設定する。この「安定指標価格」から利益込みの製造経費等を差し引いた価格を「基準取引価格」とし，乳業資本が購入する「指定乳製品等」向け原料乳（「加工原料乳」）価格とする。次に，加工原料乳を供給する酪農家の再生産を保証する「保証価格」を設定して，「基準取引価格」との差額分を国が加工原

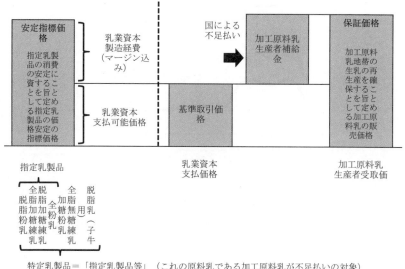

図2－5　不足払い法の仕組み（1987～2000年度）

資料：矢坂〔1991a〕p.82に掲載の図より作成。
注：1) 1966～1986年度は特定乳製品にチーズを含む。
　　2) 2001年度から保証価格, 基準取引価格, 安定指標価格は廃止。

料乳生産者に補給金として不足払いする。不足払いの対象となる加工原料乳数量は毎年度設定される「加工原料乳限度数量」（以下，限度数量）が上限とされ[7]，この限度数量の調節が重要な需給調整手段となった。なお加工原料乳補給金の交付対象は，都道府県単位に1団体ずつ指定された指定生乳生産者団体（指定団体）に所属する酪農家のみに限定された[8]。こういったシステムによって乳製品価格を適正水準へ誘導しつつ，加工原料乳生産者の所得を保証することが目指された。本来は連動する乳製品需給と加工原料乳需給は制度的に分離され，その乖離は国によって補填されることとなったのである[9]。

[7) 1978年までは限度数量を超える加工原料乳に対しても補給金が交付されていた。並木〔2006〕p.20を参照。
8) 都道府県知事，あるいは農林水産大臣が指定する。指定団体に加入しない酪農家は補給金交付を受けられないため，指定団体の集乳シェアは非常に高くなる。現在は合併が進展し，9指定団体となっている。
9) 不足払い制度の性格については小林〔1983〕，矢坂〔1988a〕〔1988b〕，矢坂〔1995〕を参照。不足払い制度の評価は研究者によってまちまちである。しかし，わが国の酪農および乳業の発展の礎となったのは確かであろう。他には梶井〔1981〕，千葉〔1993〕，山田〔1978〕，鈴木〔1985〕，大塚〔1985〕などを参照。

2．不足払い法による需給調整機能の低下

　「指定乳製品」価格の「安定指標価格」への誘導は，価格上昇（需給逼迫）時は国（畜産振興事業団）による乳製品輸入および国内市場への放出，そして価格低下（需給緩和）時は国による国内市場からの乳製品買い入れを手段として達成される。こういった形態での価格誘導が転機を迎えたのが，1970年代末の生乳需給緩和時であった。1978年度に畜産振興事業団による市場買入量が3万t強に達すると，翌年度から買入が停止された。この理由は市場買入により財政負担が高まり，不足払い制度が「第二の食管赤字」となることを国が危惧したためであった。それ以降は乳製品価格高騰時の輸入および市場放出のみは継続して実施されたため，「安定指標価格」は価格上昇に対してはある程度の抑制効果を有したものの，価格下落時には追随して引き下げられる傾向となった[10]。よって「安定指標価格」は最低支持価格としての性格を希薄化させたのである。

　図2－6は限度数量，ならびに「保証価格」「基準取引価格」の推移である。1970年代に補給金単価（図では両価格の差額）は20円/kg強に上昇

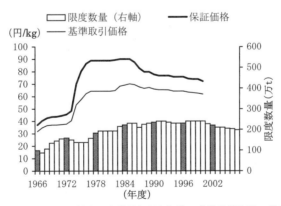

図2－6　加工原料乳限度数量と保証価格・基準取引価格の推移
　　資料：農畜産業振興機構資料より作成。
　　注：1）保証価格と基準取引価格の差額が，加工原料乳補給金相当。
　　　　2）保証価格と基準取引価格は2000年度をもって廃止。

---

10) 詳細は矢坂〔1995〕p.256を参照。

したが，1980年代を通じて圧縮され以後は10円/kg程度で推移した。限度数量も1980年代に到達した250万t水準を超えて推移することはなかった。1980年代以降は「安定指標価格」に連動して「保証価格」も引き下げられたため[11]，「保証価格」は加工原料乳支持価格としての性格を後退させた。これ以降も限度数量調節による需給調整は一応機能していた[12]が，国が限度数量を抑制して需給調整を目指す以上，指定団体は限度数量に制約されない飲用乳向け原料乳の販売に殺到し，結果として飲用乳向け原料乳価の値下がりに歯止めがかからなくなることが懸念された[13]。それによって，全国的な協調のもとで各指定団体が自らの生乳生産量を直接的に調整する必要性に迫られることになったのである。

3．中央酪農会議による生乳計画生産

中央酪農会議に主導された生乳計画生産は1979年度より開始された。計画生産制度は時代により変遷しているが，基本的な内容として①生乳需要量の測定，②生乳計画生産目標数量の設定，③②をもとにした生乳販売基準数量（生乳生産枠）の指定団体への配分，④単位農協への生乳生産枠の配分の4点からなる。①～③までを中央酪農会議が，④を各指定団体が担当する[14]。この計画生産によって1970年代末に形成された乳製品過剰在庫の解消がさしあたり目指されたが，実施過程で以下の2点の問題が発生した。

第1に，当初意図された飲用乳向け原料乳価の安定が計画生産によって達成されなかったことである。すなわち，指定団体としては生乳生産量が総量規制されたとしても，飲用乳向け比率を高くすればプール乳価水準を高くすることができる。よって飲用乳向け原料乳の安売り販売が

[11) 「安定指標価格」を引き下げなければ，乳業資本の「基準取引価格」が割高となる。よって「安定指標価格」の引き下げによって「基準取引価格」を引き下げるが，今度は「保証価格」と差額である不足払い額が増加することになる。そして「保証価格」も引き下げられた。
[12) 2000年度の不足払い法改定により3つの政策価格が廃止された。形式的には限度数量調節による需給調整機能，そして加工原料乳生産者への不足払いのみに純化したことになる。
[13) 前田〔1995a〕p.97を参照。
[14) 計画生産の詳細については前田〔1995a〕，矢坂〔1988b〕を参照。

依然として進行したのである[15]。これに対応して1982年度から，これまで用途区分なく定められてきた生産目標数量は「飲用向け」・「加工向け」（加工原料乳）・「その他加工向け」（加工原料乳以外の乳製品向け原料乳）の３用途に区分して設定されるようになった。これは指定団体への配分時も同様である。

　第２に，指定団体への生乳生産枠配分をめぐる問題である。生産枠の配分は当初，過去の生産実績を基準にして実施された。これは取引乳価が低下したとしてもさらに生乳販売量を拡大したい指定団体にとって不満のある配分方法である。こういった指定団体の要望を受けて，「特別調整乳制度」や生乳生産枠取引などによって指定団体の希望数量に一致する生産枠配分が実現するような計画生産の仕組み作りが進められた[16]。また，指定団体間の供給能力あるいは販売拡大意欲の乖離を埋め合わせるために，農協全国連（全農・全酪連）再委託形式をとった生乳の広域流通が積極的に推進された。図２－７に生乳の農政局担当地域間流通量の推移を示した。特に1980〜1990年代にかけて大きく増加し，その中でも全農再委託によるホクレン道外移出量がその半分程度を占めるまでになっ

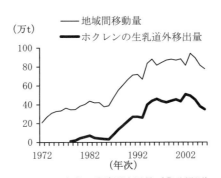

図２－７　生乳の地域間流通量（農政局別）

資料：「牛乳乳製品統計」，ホクレン酪農部資料より作成。
注：１）各地域の域外生乳移出量の単純合計。
　　２）地域は農林水産省農政局区分地域で，北海道，東北，関東，北陸，東海，近畿，中国四国，九州，沖縄の９地域。

---

15) 並木〔2006〕p.23を参照。
16) 詳細は並木〔2006〕pp.22-26，前田〔1995a〕pp.100-130を参照。

た。矢坂〔1988b〕によれば，全農再委託原料乳の需要者は主として消費地の中小乳業資本や農協プラントであったことが指摘されている[17]。

第4節　生乳計画生産下の用途別取引

1．用途別取引の基本概念

　用途別取引は，同質の生乳でありながら仕向けられる牛乳乳製品用途によって価格・分配方法といった取引条件に区別を設ける取引方式である。これはわが国に特有の取引方式ではなく，米国やEUといった酪農先進国では一般的な方式である。

　この用途別取引がわが国の生乳取引で一般化したのは，1966年度の不足払い法施行時である。不足払い法に用途別取引の実施が明記される[18]ことで，用途別取引は政策的に制度化された。当初の用途別取引には，補給金の交付対象となる加工原料乳を区別するという事務手続き上の消極的な面と，個々の牛乳乳製品の最終需要を明瞭に反映した価格形成（用途別乳価）を実現するという積極的な面の2つの意味合いがあった。

2．用途別供給計画数量の設定と指定団体への配分

　すでに若干触れたが，この用途別取引と生乳計画生産との関係について述べる。

　指定団体は生乳販売量や用途別販売量を全く自由に決められるわけではなく，全国段階での計画生産からの制約がある。まず，日本酪農乳業協会（j-milk）[19]にて指定団体および乳業資本が共同して策定した需給見通しを基礎として，当該年度1年間の全国段階における用途別（「飲用向け」・「乳製品向け」（加工および加工その他向け）の2用途）の生産目標

---

[17] 矢坂〔1988b〕pp.118-124より。
[18] 「加工原料乳生産者補給金等暫定措置法施行令」第七条第二項には，「生乳受託販売に係る販売価格の約定の方法については，販売価格を少なくとも加工原料乳及びその他の生乳の区分により約定」とある。
[19] 生乳生産者団体・乳業資本・牛乳販売店などから組織され，需給調査や牛乳乳製品消費拡大といった事業を実施している。

数量を中央酪農会議が設定する。そして，この生産目標数量は前年度実績等をもとに，各指定団体の販売基準数量（生乳生産枠）として配分される。2008年度は生乳生産枠の大部分が過年度実績を基準として分配されており，4分の1が2006年度実績，4分の3が2005年度実績となっている。なおチーズ原料乳は販売基準数量の対象外となる。指定団体はこの配分された生乳生産枠の範囲内で，さらに詳細な用途別出荷計画を策定する。この際，指定団体と実際に取引をおこなう乳業資本の購入希望数量そして限度数量を加味しつつ，用途別出荷計画は立案される。指定団体は実際の供給量が生乳生産枠を一定超過するとペナルティが課せられることで，生乳生産枠を遵守するインセンティブを与えられている[20]。

3．ホクレンによる用途別取引の展開

つづいて，生乳計画生産下での北海道指定団体ホクレンによる用途別取引の展開を検討する。計画生産の実施にあたってホクレンが重要視したのは，規模拡大意向をもつ酪農家が規模拡大を実現しやすくする環境を作り出すことであった[21]。そのためには以下の2点が問題となった。

第1に，生乳生産枠が不足しないことである。生産枠が不足すれば規模拡大は不可能となる。すでに述べたように生乳生産枠の配分方法は，販売拡大意向をもつ指定団体が生産枠を集積できるような内容に改訂されてきた。そしてその前提条件であるが，乳業資本の原料乳需要を喚起する乳価で生乳を供給できなければならない。その手段として用いられたのが取引用途の多様化である。**図2－8**はホクレンの取引用途の変遷である。不足払い法にもとづき用途別取引が開始された1966年度当初，用途は「飲用乳向け」と加工原料乳のみであった。ただし，この当時の「飲用乳向け」は加工原料乳以外の全ての用途を含む大まかな区分であっ

---

[20] 中央酪農会議資料「平成20年度生乳計画生産対策について」，www.j-milk.jp~/expertise/db/hb2004/data/rreport/004/4-7-1.html（2009年1月3日アクセス），2008年および農林水産省牛乳乳製品課資料「加工原料乳生産者補給金制度と計画生産の関係」www.maff.go.jp/www/counsil/counsil_cont/tikusan/kikaku/dai8_siryo/siryo5-1.pdf（2009年1月3日アクセス）を参照。
[21] ホクレン酪農部聞き取り調査，「特集　検証！北海道の生乳計画生産」『デーリィマン』2008年11月号より。

た。まず1978年度に都府県への生乳および牛乳移出を拡大して生乳需給緩和に対応するため，飲用乳向けが道内向けと道外向けに分離された。道外向けは移出先（都府県）飲用乳向け乳価より輸送費相当分だけ安い価格が設定された[22]。1987年度にはこれまで加工原料乳に含まれていたチーズ原料乳が独立用途として分離された。その理由は円高による安価な輸入チーズ増加に対抗して国産チーズ生産を奨励するためであり，加工原料乳より大幅に安い乳価で供給された。1989年度には，これまで「その他飲用乳向け」として「保証価格」水準で一括して取引されていたクリーム，乳飲料，そして発酵乳向けの原料乳価の価格形成基準を明確にするため，生クリーム等向けと発酵乳等向けが新設された。ホクレンは取引用途の多様化を通じて乳業資本の原料乳需要を増加させ，生乳販売量の拡大を達成した。こういった実績によってさらなる生乳生産枠の上積みを可能にしたと言える。

　第2に，減産の回避である。表2－2にホクレンによる計画生産の変遷を示した。1979～1988年度までは単年度ごとにその時々の需要に応じて目標数量を設定していたが，酪農家から複数年計画の要望が出された[23]。

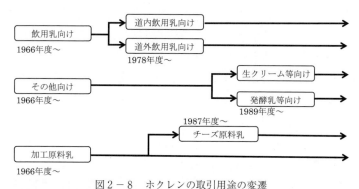

図2－8　ホクレンの取引用途の変遷

資料：ホクレン酪農部聞き取り調査より作成。
注：1）道外飲用乳向けには乳業資本が道内で処理して移出する「道外飲用乳向け」とホクレンが全農へ委託して道外に移出する「道外移出生乳」の2用途がある。
　　2）このほかに学校給食向けがある。

---

[22] 当時は移出先価格と同程度の価格は意図されていなかった。移出価格が基準となったのは，生乳移出をめぐる都府県との紛争が表面化した後の1981年度からである。
[23] 『デーリィマン』2008年11月号, p.67より。目標数量の伸び率が把握できれば投資計画は立てやすくなると言える。

表2-2　ホクレンによる生乳計画生産の変遷

	期間	ホクレンによる組合員意向調査結果	中期目標数量	地区への生産枠配分方法	過剰時の負担資金拠出方法
単年度計画生産期	1979-1988	なし	なし（単年度ごとに目標数量を設定）	-	-
第一期生乳安定生産対策	1989-1992	年率5％,拡大意向68％	年率3％（下限年率1.5％）	一律配分	特別調整乳に5円/kg
第二期生乳安定生産対策	1993-1995	年率3.3％,拡大意向55％	年率3％（下限年率1.5％）	組合員の意向による配分	特別調整乳に5円/kg
第三期生乳安定生産対策	1996-1998	年率3％,拡大意向46％	年率3％（上限年率4％,下限年率2％）	申告計画40％,実績60％	出荷乳量に1円/kg
第四期生乳安定生産対策	1999-2002	年率2.7％,拡大意向36％	年率3％（上限年率4％,下限年率2％）	基礎目標＋単年度設定量配分	出荷乳量に1円/kg
第五期生乳安定生産対策	2003-2005	年率3％以上	年率3％（上限年率4％,下限年率2％）	基礎目標＋単年度設定量配分	出荷乳量に80銭/kg
北海道酪農基盤維持対策	2006-2008	年率1.7％,拡大意向35％	Aタイプ増産,Bタイプ1割減産	タイプA,タイプB選択	出荷乳量に80銭/kg

資料：『デーリィマン』2008年11月号, p.69より作成。

　そこでホクレンは1989年度から3年間をワンタームとする複数年計画生産を開始した。組合員から規模拡大意向をアンケート調査し，それをもとに中期目標数量（1年あたりの伸び率）が設定された。複数年計画の導入は，一時的に生産抑制ないし減産を強いられた場合でも，3カ年としては増産となるような制度設計を意図している。生乳生産枠を潤沢に確保し減産を極力回避できる制度をつくることで，酪農家の意向に沿った単位農協への生産枠配分を可能とした。特に第三期対策からは酪農家が出荷乳量1kgあたり1円を負担することで目標数量年伸び率3％（プラスマイナス1％）が保証され，生産枠による規模拡大の制約は弱くなったと考えられる。

　表2-3はホクレンへの補給金および補助金交付実績である。ホクレンは毎年度300億円前後の補給金・交付金を受けている。うち半分強が加工原料乳生産者補給金であるが，特定用途向け補助金も相当額が支払われている。特に生クリーム等（液状乳製品）向け原料乳を対象とした生クリーム対策の補助金が多い。第4章以降で検討するように1990年代か

表2－3　ホクレンへの補給金・補助金交付実績

単位：億円

年度	加工原料乳生産者補給金	チーズ対策	生クリーム対策	発酵乳対策	その他	合計
2000	177	15	55		71	317
2001	179	14	56	2	73	324
2002	196	11	47	1	73	329
2003	193	11	46	1	74	326
2004	185	9	45	0	64	304
2005	178	58（注2）			64	300
2006	174	55（注2）			44	273
2007	170	60（注2）			45	275

資料：ホクレン「指定団体情報」より作成。
注：1）チーズ対策はチーズ原料乳，生クリーム対策は生クリーム等向け，発酵乳対策は発酵乳等向けに対する対策の総称。
　　2）2005年度よりチーズ対策，生クリーム対策，発酵乳対策が一本化された。

らホクレンは生クリーム等向け販売を顕著に増加させた。バター・脱脂粉乳と代替性のある液状乳製品が増加することで加工原料乳需要量が減少し，限度数量の削減を可能にした。従来，国によって設定される加工原料乳限度数量が指定団体の販売行動を規定してきた。しかし近年ではホクレンの非加工原料乳用途，特に生クリーム等向けの増加度合に合わせて限度数量が設定されるという逆転現象が生じている[24]。限度数量削減は補給金削減によって財政負担を軽減させるという政策当局の利害とも合致しており，生クリーム対策に国が補助金を交付した直接的なインセンティブはこの点にあったと思われる[25]。

第5節　小括

　本章の課題は，わが国の生乳需給と生乳取引制度とが密接な相互作用性をもって展開してきた過程に着目して，その展開メカニズムを明らかにすることであった。
　不足払い制度は，国が補給金の交付対象とする加工原料乳（バター・脱脂粉乳等向け原料乳）数量（「加工原料乳限度数量」）を調節すること

---
[24] 農林水産省牛乳乳製品課資料「加工原料乳生産者補給金制度と計画生産の関係」（前掲資料），酪農経済通信社編〔2007〕p.102を参照。
[25] 前田〔1995b〕p.58を参照。

で需給調整をおこなうシステムである。しかし，このシステムの中軸をなしていた国による余剰乳製品買い入れが1979年度をもって停止されると，不足払い制度による需給調整機能は低下した。これを補完する役割を担ったのが，中央酪農会議による生乳計画生産であった。生産抑制的な計画生産によって生乳販売量の拡大が阻害されることが懸念されたが，北海道指定団体ホクレンは原料乳需要に応じた原料乳用途の細分化を通じて生乳販売量を伸ばし，計画減産の回避に努めた。これによって，組合員である酪農家の規模拡大意向に応じた生乳生産枠の配分が可能となったのである。

その結果として1990年代には，不足払い制度をはじめとする国の政策および中央酪農会議による生乳計画生産が，単独の生乳需給調整システムの様相を呈するほどに不可分性が高まった。従来，国の設定する加工原料乳限度数量が指定団体の生乳共販の有り様を規定してきたが，近年ではホクレンの非加工原料乳用途である生クリーム等向け取引の促進によって限度数量を削減するという逆転現象が生じている。

第3章　1990年代以降における牛乳乳製品需給の特徴

第3章　1990年代以降における牛乳乳製品需給の特徴

第1節　本章の課題

　乳業の基礎条件である牛乳乳製品需要は乳業の市場行動に，そして原料乳市場を通じて酪農の市場行動に影響を与える。わが国の牛乳乳製品需要は戦後おおむね増加傾向を維持してきたわけだが，1990年代に入ると牛乳乳製品需要全体としては停滞期に入った。1990年代以降の牛乳乳製品需給はいかなる特徴を有しているのであろうか。

　本章の課題は，1990年代以降の牛乳乳製品需給の特徴を明らかにすることである。はじめに牛乳乳製品の需給を品目別に検討する。次に，近年における乳製品を中心とした業務用需要の増加要因とその性格を論じる。そしてチーズを事例として，大手乳業資本が相次いで決定したチーズ増産の意味について国内チーズ需要およびチーズ輸入の現状との関連に注目して分析をおこなう。

第2節　牛乳およびバター・脱脂粉乳の需要停滞と減少

1．牛乳消費量の減少

　図3－1は牛乳消費量および牛乳等[1]向け生乳仕向け量の推移である。まず，戦後一貫して増加してきた1人あたり牛乳消費量は1990年代半ばをピークに減少に転じている。牛乳消費の減少要因としては，競合飲料の増加などが指摘されている[2]。牛乳消費の減少に伴って牛乳向け生乳仕向け量が減少し，牛乳等向け仕向け量全体も減少した。牛乳以外の加工乳・乳飲料等向け生乳仕向け量は90年代後半まで増加したものの，2000年代に入るとこれも減少している。牛乳等向け生乳仕向け量の減少は，

---

[1] 牛乳等は農林水産省「牛乳乳製品統計」による分類で，牛乳・成分調整牛乳および加工乳からなる「飲用牛乳等」に，乳飲料・発酵乳および乳酸菌飲料を加えた分類である。品目分類と定義についてはP.59，表3補－1を参照。
[2] 日本酪農乳業協会（j-milk）「牛乳の消費減退に関する調査報告」，2008年3月によると，牛乳消費量が減った回答者の約6割が他の飲料の存在をその理由にあげている。

第3章　1990年代以降における牛乳乳製品需給の特徴

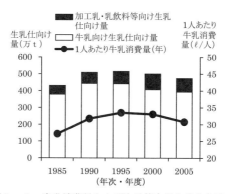

図3－1　牛乳消費量および牛乳等向け生乳仕向け量

資料：「家計調査年報」，「牛乳乳製品統計」より作成。
注：1）1人あたり牛乳消費量は「家計調査年報」の1世帯あたり数値から求めた。
　　2）消費量は年度，生乳仕向け量は年次。
　　3）「加工乳・乳飲料等仕向け量は」は牛乳等向け仕向け量のうち牛乳以外への仕向け量。

飲用乳（牛乳等）向けが9割を超える都府県での原料乳需要減少として特に大きな影響を与えていると考えられる。

　牛乳消費量が減少する一方で，牛乳以外の牛乳等には需要増加のみられる品目がある。図3－2に牛乳以外の牛乳等の生産量の推移を示した。加工乳は1990年代を通じて生産が増加したが，2000年の集団食中毒事件によって多くの乳業資本が加工乳製造を中止したため，ピーク時の半分程度まで生産量が減った。乳飲料と発酵乳の生産量は2000年代に入りやや増加程度が鈍化したものの，1990年代以降は増加傾向にあると言える。乳酸菌飲料の生産量は横ばいである。加工乳・乳飲料・発酵乳には，原材料として生乳以外に脱脂粉乳などの乳製品，そして果汁やコーヒーなど乳製品に由来しない原料が用いられている。これら製品の生乳使用割合は，加工乳27％（2006年度），乳飲料15％（同）で近年は低下傾向にある[3]。また発酵乳のみ1999年度のデータだが，生乳使用割合が7～8割の製品が全体の2割程度あるものの，0～3割の製品が半分以上を占める[4]。

---

3) 農畜産業振興機構酪農乳業部「加工乳・乳飲料等の生産実態調査の結果について」『畜産の情報』，2008年5月より。乳飲料は「白物乳飲料」の数値。
4) 農畜産業振興事業団「平成11年度の加工乳・乳飲料等の生産実態調査の結果について」『畜産の情報（国内編）』，2001年11月より。

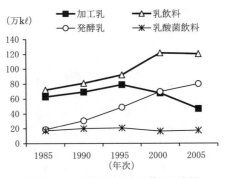

図3-2　牛乳以外の牛乳等の生産量
資料：「牛乳乳製品統計」より作成。

こういった事実から乳飲料や発酵乳の生産量の増加は，都府県での飲用乳向け（牛乳等向け）原料乳需要の増加としてダイレクトに現れず，むしろ北海道での乳製品向け原料乳需要が増加するというかたちで国内の原料乳需要に影響を与えたと思われる。

2．バター・脱脂粉乳在庫過剰の常態化

　図3-3にバターおよび脱脂粉乳の推定期末在庫量の推移を示した。在庫量の実数ではなく，月間需要量換算で表記している。日本酪農乳業協会（j-milk）のガイドラインによると，適正在庫水準はバター2.5カ月分，脱脂粉乳2カ月分とされる[5]。一般に生乳は腐敗性が高いため，生乳需給の緩和は貯蔵性のある乳製品在庫の増加，そして逼迫は乳製品在庫の減少として現れる。よって乳製品在庫量は生乳需給の動向を反映して過不足を繰り返す動きになる。その点からすれば，1990年代以降に特徴的な変化が生じている。1990年代以前はバターと脱脂粉乳在庫量の動きはほぼ一致していた(図の前半部分)。しかし，1993年度にともに大幅に在庫が増加した後，脱脂粉乳は1990年代を通じておおむね適正水準で推移したが，バターは適正水準を上回る過剰状態が2007年度まで続いた。しかし2000年代に入ると，一転して脱脂粉乳在庫が1970年代末に匹敵する

---

[5] 日本酪農乳業協会（j-milk）資料「乳製品の適正在庫水準について」，2002年12月より。

第3章 1990年代以降における牛乳乳製品需給の特徴

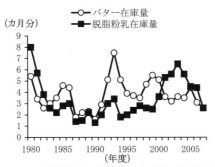

図3-3 バターと脱脂粉乳の推定期末在庫量（月間需要量換算）
資料：農林水産省牛乳乳製品課資料より作成。
注：1）事業団在庫（国の在庫）を含む。ただし，1980年代前半を除き，ほぼ全量が民間在庫である。
　　2）適正在庫水準はバター2.5カ月分，脱脂粉乳2カ月分。日本酪農乳業協会（j-milk）資料「乳製品の適正在庫水準について」2002年12月より。

非常に高い水準まで増加し，その過剰状態は2007年度まで続いた。以上をまとめて1990年代以降の特徴を述べると，第1にバターと脱脂粉乳の在庫動向に乖離がみられること，第2に，特にバターに顕著だが，在庫の過剰状態が常態化したことの2点を指摘できる。

1点目については，高橋〔1995〕がバターと脱脂粉乳の「需給アンバランス」を指摘している[6]。バターと脱脂粉乳は生乳の主要2成分である乳脂肪と無脂乳固形分の濃縮物であり，片方が製造されるときは必ずもう片方が製造される（P.59，図3補-1を参照）。1990年代には乳脂肪需要が減少傾向だったのに対し，増加しつつあった加工乳・乳飲料等の原料として無脂乳固形分（脱脂粉乳）需要は比較的堅調であった。そのため脱脂粉乳需要に合わせた生産がおこなわれた結果，脱脂粉乳在庫は適正水準で推移したが，バター在庫の過剰が持続したのである。2000年代に入り食中毒事件によって加工乳の生産が減少すると，その原材料であった脱脂粉乳需要も減り，今度は一転して脱脂粉乳在庫の大幅な増加となったのである。

2点目に関して，第1に乳製品輸入の増加を指摘できる[7]。図3-4は

---
[6] 高橋〔1995〕pp.149-155を参照。
[7] わが国の乳製品輸入の現状については清水池〔2009〕を参照。

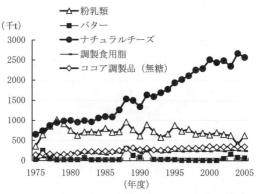

図3－4　乳製品の品目別輸入量の推移（生乳換算）
資料：財務省「貿易統計」より作成。生乳換算は農林水産省牛乳乳製品課推計。

乳製品の品目別輸入量の推移である。これによると近年の輸入増加分はほぼ全てナチュラルチーズで，バターおよび脱脂粉乳（粉乳類）や，「偽装乳製品」と呼ばれる調製食用脂やココア調製品はほとんど増加していない。1995年度に脱脂粉乳とバターは輸入が自由化されたが，依然として高関税が課せられており，一般輸入はほとんどみられない。むしろ国内乳製品需給への影響が大きいのは，国によるカレントアクセス（CA）輸入である。カレントアクセスはGATTウルグアイ・ラウンド合意にもとづく乳製品輸入の「国際約束」である。これによって，わが国は1年間に生乳換算13万7,000tの乳製品を恒常的に輸入することとなった。カレントアクセスは，ホエイパウダー，ならびに脱脂粉乳あるいはバターを必要に応じてどちらかを輸入するという内容である。表3－1に農畜産業振興機構（ALIC）による乳製品輸入実績を示した。1990年代はバター過剰だったため脱脂粉乳を，2000年代以降は脱脂粉乳過剰を受けてバターを輸入している。ALICの輸入量は全体の輸入からすれば数％にすぎないが，国内のバター・脱脂粉乳生産量の1割程度に匹敵する輸入が国内需給に与える影響は大きいと言える。現に2000年代に入ると乳製品在庫の高まりによって輸入する乳製品の量が減り，国際約束量に達しない年度が増加している（次年度以降への繰り越し）。このようにカレントアクセ

表3－1 農畜産業振興機構（ALIC）による乳製品輸入量

単位：t，％

年度	バター	脱脂粉乳	ホエイ・パウダー	デイリー・スプレッド	ALIC輸入量合計（生乳換算）	ALICシェア
1990	6,000	3,962	0	0	99,714	3.3
1991	15,988	38,541	0	0	447,038	11.9
1992	0	16,787	0	0	108,780	3.1
1993	0	0	0	0	0	0.0
1994	0	16,930	0	0	109,706	3.2
1995	0	34,628	2,796	0	233,448	6.2
1996	0	32,488	3,165	0	220,777	6.1
1997	0	28,998	3,584	0	199,519	5.3
1998	0	17,036	3,883	0	122,974	3.3
1999	0	16,739	4,177	0	122,002	3.2
2000	0	16,427	4,483	0	120,972	2.9
2001	0	10,246	3,804	0	78,719	1.9
2002	6,311	0	4,458	0	92,322	2.3
2003	10,453	0	3,600	0	140,654	3.4
2004	7,764	0	4,738	0	111,159	2.6
2005	4,422	0	4,465	0	69,034	1.7
2006	3,675	0	4,279	1,776	81,129	2.0
2007	12,156	0	3,812	2,177	189,220	4.3

資料：農畜産業振興機構資料，「日刊酪農乳業速報資料特集」より作成。
注：1）デイリー・スプレッドは，乳脂肪分が全重量の39％以上80％未満で，乳脂肪以外の油を含まず，パンなどに塗りやすい性質（展延性）がある乳製品。
2）ALICシェアは，乳製品の全輸入量（生乳換算）に占めるALIC輸入量（生乳換算）の比率。
3）生乳換算率は，バター12.34，脱脂粉乳6.48，ホエイパウダー3.24，デイリースプレッド12.34で計算。

スによる輸入の恒常化は，国内の乳製品過剰を促進する効果があると思われる。

　第2に液状乳製品による脱脂粉乳およびバター需要の抑制，あるいは減少である。**図3－5**は乳製品生産量（消費量）の推移である。脱脂粉乳およびバターの生産量は横ばいだが，液状乳製品と呼ばれるクリームや脱脂濃縮乳は増加している。クリームはバターの，そして脱脂濃縮乳は脱脂粉乳の中間生成物であり，それぞれが完成製品と代替性をもつ。中央酪農会議〔2001〕によると乳脂肪および無脂乳固形分需要はともに増加しているものの，その増加への寄与をみると乳脂肪分はクリーム，無脂乳固形分は脱脂濃縮乳によっている[8]。脱脂粉乳およびバターから液状乳製品への置き換えが指摘されており，液状乳製品の増加によって脱脂粉乳およびバター需要が抑制，ないし減少していることが示唆される。

---
[8] 中央酪農会議編〔2001〕p.23の図を参照。

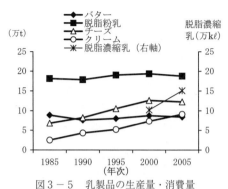

図3−5　乳製品の生産量・消費量

資料：「牛乳乳製品統計」，農畜産業振興機構「主要乳製品の流通実態調査報告書」
（脱脂濃縮乳のみ）より作成。
注：脱脂濃縮乳のみ推定国内消費量。

生産量が横ばいにある中での需要減少は，生産量と需要量との乖離分が在庫として積み増しされ，在庫水準の押し上げを意味しよう。

第3節　業務用乳製品需要の増加とその性格

　牛乳乳製品市場は，乳業資本の生産した商品がそのままの形態で小売業を介して消費者の手にわたる「家庭用市場」と，乳業資本が乳製品を原料として食品加工・外食産業などに供給する「業務用市場」とに二分できる。一般に乳業資本の企業組織が「家庭用事業部」「業務用事業部」などという名称をもつ組織に分化していることから，乳業資本にとってこれら家庭用・業務用市場が別個の対応を迫られる別々の市場として存在しており，よって家庭用・業務用市場はそれぞれ独自の性質をもつと考えられる。
　ところで，食料支出に占める調理食品・外食比率の上昇（「食の外部化」の進展）というかたちで現れているように，外食・中食市場の拡大は依然として進んでいる。「家計調査年報」によれば，2005年度で食料支出に占める調理食品・外食比率は28.7％に達している[9]。外食産業や食品加工

---

[9] 1カ月1世帯あたり数値より。

資本の成長は，当然それらの原材料市場を拡大させる。牛乳乳製品市場に関しても，その傾向は例外ではない。なお本章で扱う「業務用市場」とは，一般的な原材料市場より狭義の内容を意味している。具体的には食品加工資本―食品加工資本間，あるいは食品加工資本―外食産業間の市場を指し，農業―食品加工資本，農業―外食産業間の市場は含まない。つまり食品加工資本が供給者の原料市場を本章では「業務用市場」と定義する。

　本節では，乳業資本が求められる企業行動の相違を基準として業務用乳製品市場を類型化する。そして業務用乳製品市場の性格が，乳業資本の企業行動を制約している点を論じていきたい[10]。

1．業務用乳製品の商品特性[11]

　乳製品の規格には主に成分・形状・容量の3つがある。基本的に規格のうち，成分と形状に関しては家庭用乳製品と業務用乳製品との間に大きな違いはない。消費者，食品加工資本などの需要者の需要に見合った成分と形状をもった乳製品が生産されるという点で同様である。ただし，容量については家庭用と業務用とで違いが見出される。

　業務用乳製品は家庭用乳製品より1単位あたりの容量が大きい。この容量による規格差が，家庭用市場と業務用市場との分断をもたらす物性的根拠となる。つまり，たとえ成分が同等であったとしても，業務用製品として製造されれば業務用としてしか販売できず，家庭用製品として製造されれば家庭用としてしか販売できない。むろん容量の大きい業務用製品の包装を取り払って，家庭用製品の容量に切り分けるなどして再包装することは技術的には不可能ではないが，コスト的に採算の合う行動とは言えない。2005年に脱脂粉乳の在庫が山積しているにもかかわらず家庭用スキムミルクの在庫が一時的に払底した事態，また2006年末にバラバター（20kg規格）在庫過剰の一方で家庭用（およびプリント）バ

---

10) 本節の内容は清水池［2008］を加筆・訂正したものである。
11) 雪印乳業・業務用事業部からの聞き取り調査より。

ターの需給が逼迫した事態は,家庭用と業務用とで規格の差が存在することで互換性に限界があり,家庭用市場と業務用市場とが別個の市場として成立していることを示している。

2．業務用乳製品需要の増加

つづいて業務用乳製品が既存の乳製品市場でどの程度の比率を占めているか検討する。表3－2に全消費量に占める業務用消費の割合を示した。これによると,脱脂粉乳・バター・クリーム・脱脂濃縮乳といった乳製品は業務用比率が72〜100％と高い。牛乳の業務用比率は6〜8％と低いが,缶コーヒーなどの原料として缶飲料メーカーの牛乳消費量が増加している[12]。需給の両面から注目度の高いチーズをみると,チーズ全消費量のうち業務用比率は53％である[13]。しかし,ナチュラルチーズは68％,プロセスチーズは35％で,同じチーズでも業務用比率に2倍近い差がある。ナチュラルチーズには家庭用消費の2倍を超える業務用消費が存在する。なお乳業資本の自社生産自社消費量比率を示すと,脱脂粉乳34％,

表3－2 消費量に占める業務用乳製品の割合

単位：％

年度	脱脂粉乳	バター	クリーム	脱脂濃縮乳	牛乳
2000	99	72	95	100	6
2005	99	77	97	100	8
05年度業務用消費量	135,800t	56,400t	78,000kℓ	150,700kℓ	299,100kℓ

年度	ナチュラルチーズ	プロセスチーズ	チーズ全体
2001	68	35	53
01年度業務用消費量	93,000t	43,000t	136,000t

資料：農畜産業振興機構「主要乳製品の流通実態調査報告書」,
　　　大手乳業資本ヒアリングより作成。
注：1）業務用乳製品の値は,小売業向けを含まない。
　　2）乳製品消費量は機構・大手企業推計値。
　　3）チーズについては,大手チーズ取扱企業2社のヒアリングより。
　　4）チーズは直接消費用ナチュラルチーズとプロセスチーズの合計（輸入含む）である。つまりプロセスチーズ原料用ナチュラルチーズを含まない。
　　5）牛乳の値の分母は「牛乳乳製品統計」による。

---

[12] 矢坂〔2000〕pp.43-44より。
[13] プロセスチーズ原料用ナチュラルチーズを除く。

バター10%，クリーム13%，脱脂濃縮乳71%，国産ナチュラルチーズ35%である[14]。特に脱脂濃縮乳の自社消費比率は高く，そのほとんどが自社消費仕向けとなっている。図3－5にてチーズ・クリーム・脱脂濃縮乳の生産（あるいは消費）量の増加を確認したが，これは業務用需要に牽引された結果であることが示唆される。

表3－3は2006年度における業務用乳製品の用途別消費量（上位4カテゴリー）である。バターの消費用途は，分類カテゴリー上では「小売業」が最も多くなっているが，それ以外が業務用消費で「菓子・デザート類」1万9,600t（消費量合計に占める比率22%），「外食・ホテル」1万2,300t（同14%）などとなっている。脱脂粉乳は「発酵乳・乳酸菌飲料」6万4,700t（同35%），「乳飲料」3万100t（同16%）で，この2カテゴリーで全消費量の半数を占める。クリームの消費用途は「発酵乳・乳酸菌飲料」2万6,300kl（同27%），「菓子・デザート類」2万1,200kl（同22%）などである。脱脂濃縮乳は，「発酵乳・乳酸菌飲料」「乳飲料」「アイスクリーム類」の3用途で大半を占める。チーズについてはデータの都合上，国産に限定して述べる。国産ナチュラルチーズは「プロセスチーズ原料」としての消費が全体の6割を占め，「小売業」8,800t（同22%），「調理食

表3－3　乳製品の消費用途（2006年度）

単位：t，クリーム・脱脂濃縮乳のみkl

バター		脱脂粉乳		クリーム (kl)	
小売業	20,500	発酵乳・乳酸菌飲料	64,700	発酵乳・乳酸菌飲料	26,300
菓子・デザート類	19,600	乳飲料	30,100	菓子・デザート類	21,200
外食・ホテル	12,300	飲料	14,900	アイスクリーム類	16,600
パン類	9,500	アイスクリーム類	13,700	外食・ホテル	9,800
消費量合計	89,700		187,400		97,900
脱脂濃縮乳 (kl)		ナチュラルチーズ（国産）		プロセスチーズ（国産）	
発酵乳・乳酸菌飲料	60,700	プロセスチーズ原料	23,600	小売業	59,700
乳飲料	45,900	小売業	8,800	外食・ホテル	18,000
アイスクリーム類	35,900	調理食品	4,100	調理食品	14,100
加工乳	5,600	外食・ホテル	2,000	パン類	7,800
消費量合計	162,000		39,800		107,900

資料：農畜産業振興機構「主要乳製品の流通実態調査報告書」より作成。
注：1）消費量は農畜産業振興機構による国内推定消費量。
　　2）上位4位の消費用途のみを提示。

[14] 農畜産業振興機構「主要乳製品の流通実態調査報告書」2008年3月より。

品」4,100t（同10％）とつづく。国産プロセスチーズは「小売業」が55％を占め，乳製品の中では業務用比率が低い。1999～2006年度の間におおむね用途比率の大きな変動は認められないが，加工乳の生産量減少により加工乳用途の脱脂粉乳，また乳飲料原料への脱脂濃縮乳利用拡大によって乳飲料用途の脱脂粉乳が減っている[15]。

3．業務用乳製品市場の諸類型と乳業資本
1）業務用乳製品の企業別シェア

表3－4は業務用乳製品の企業別シェアを示したものだが，これだけみても業務用市場が家庭用市場と様相を異にしていることが分かる。一般に家庭用市場では，雪印乳業（あるいは日本ミルクコミュニティ）・明治乳業・森永乳業の大手乳業資本3社が上位を占める。ところが，原料バター・脱脂粉乳，そしてクリームといった業務用市場でトップのシェアをもつのは，よつ葉乳業である。また雪印乳業は，家庭用市場で過半のシェアをもつバターに特徴的だが，家庭用と比して業務用市場におけるシェアが相対的に低い。雪印ブランドを擁する雪印乳業が，ブランド価値を直接アピールできる家庭用市場を重視してきた結果と思われる。さらに特異な市場である業務用プロセスチーズにいたっては大手乳業資

表3－4　業務用乳製品供給企業の市場シェア（2005年度・物量）

単位：％

原料バター		クリーム		（比較）家庭用バター	
よつ葉乳業	32	よつ葉乳業	38	雪印乳業	51
明治乳業	25	雪印乳業	30	よつ葉乳業	17
雪印乳業	23	明治乳業	10	森永乳業	11
森永乳業	14	森永乳業	8	明治乳業	5
脱脂粉乳		プロセスチーズ（販売額）			
よつ葉乳業	38	宝幸	20		
雪印乳業	30	森永乳業	17		
明治乳業	10	六甲バター	16		
森永乳業	8	雪印乳業	15		
		明治乳業	8		

資料：大手乳業資料・ヒアリングより作成。
注：1）自社生産自社消費分は含んでいない。
　　2）プロセスチーズのみ販売額シェアで，他は物量シェア。

---

[15] 中央酪農会議編〔2002〕pp.22－23より。

本をおさえて,「宝幸」や「六甲バター」など生乳を処理しないプロセスチーズメーカーが上位を占めている。そして業務用プロセスチーズ市場の特徴として各企業のシェアが他の品目より拮抗しており,年ごとの順位変動も激しい[16]。このように,同一品目であっても家庭用・業務用市場間でシェアの格差が生じている。この事実は,家庭用と業務用とで求められる企業行動が異なることを示唆している。

2）業務用乳製品市場の諸類型

ところで業務用乳製品市場と言っても一様ではなく,取引相手の業種・性格によって表3－5に示したように3タイプの市場が存在すると思われる。表には「大口需要・価格重視型」「大口需要・特約取引型」「小口需要型」の各市場の特徴を,また業務用市場と比較するために家庭用市場の主要形態をなす「量販店型」の特徴も同時に示した[17]。

まず,これら業務用乳製品市場の3類型の全てに該当することとして,第1に業務用市場では乳業資本独自のブランド力はほとんど意味をなさない。量販店等で一般消費者が特定の商品を購入する際,その商品ブランドが価格とともに重要な選択基準となっているため,小売業者は商品

表3－5　業務用乳製品市場の3類型

	大口需要・価格重視型	大口需要・特約取引型	小口需要型	（量販店型）
代表的な需要者	ファストフード,外食チェーン	製菓・製パン業,乳製品製造業	製菓・製パン業,レストラン	量販店,コンビニ
代表的な供給者	プロセスチーズメーカー,大手輸入商社,大手乳業資本	大手乳業資本	大手乳業資本,中規模乳業資本	大手乳業資本,中規模乳業資本
代表的な取引品目	チーズ(プロセス,シュレッド)	バター,クリーム,チーズ,脱脂粉乳	バター,クリーム,チーズ	牛乳,チーズ,バター
取引単位の大小	大	大	小	大
取引関係	流動的	固定的	固定的	固定的
市場における需要者の数	少	－	多	少
供給製品に求められる要素	価格＞品質	価格＜品質	価格＜品質	価格・ブランド（品質）
適合的な生産方式	少品種大量生産	少品種大量生産	多品種小量生産	少品種大量生産

資料：関係企業・機関ヒアリングより作成。

---
16) 複数社からの聞き取り調査により。
17) 雪印乳業・業務用事業部からの聞き取り調査より。

を仕入れる際にブランド（特に有名ブランド）を重視せざるを得ない。ところが業務用の場合，乳製品を原料として製造された商品には乳業資本のブランド名は直接には表に現れない。そのため業務用乳製品需要者としては，特定の乳業資本でなければ取引が困難ということはなく，適切な価格・品質をそなえていればどういったメーカーであっても構わない。つまり乳業資本の側から言えば，業務用市場では価格と品質のみでの競争を強いられるのである。特に価格は家庭用市場よりシビアに評価されることが多い。第2に，業務用乳製品需要者はある商品につき基本的に1社しか採用しない。家庭用，とりわけ量販店では消費者の嗜好の違いに対応して，同じ商品であっても複数社の商品をそろえるのが一般的であるが，業務用ではそのようなことはない。これら2点が業務用乳製品市場の一般的性格としてあげられる。

　業務用乳製品市場の類型の第1として，「大口需要・価格重視型」市場がある。代表的な需要者はファストフードや外食チェーンなど全国展開する企業であり，ピザ用途シュレッドナチュラルチーズやハンバーガー用プロセスチーズをはじめとするチーズを取引品目とする。乳業資本にとって一契約あたり取引量は非常に大きいが，低価格での供給が求められる。この場合，供給量が大量となるので，乳業資本は少品種大量生産をおこなう。そして「大口需要・価格重視型」市場の需要者は価格を何よりも重視するため，取引関係が他類型より流動的となる。すなわち価格を理由とした契約の成立・解除が頻繁であり，その結果として「大口需要・価格重視型」市場向けの品目では年ごとで企業別シェアの変動が激しくなる。なお，調製粉乳や調製油脂もシュレッド等と類似の性格をもつ品目とされる。

　第2の類型は「大口需要・特約取引型」市場で，需要者は大手製菓・製パン業，乳製品製造（利用）業など，取引品目はバター・クリーム・チーズ・脱脂粉乳である。一契約あたり取引量が大きいのは第1類型と同様だが，この場合の取引関係は固定的である。なぜなら，品質重視・高級志向のパン，ケーキなどを製造するメーカーにとっては，原料乳製

品の品質が微妙にでも変わってしまうと最終商品の風味が変化してしまうので，原料取引相手は特定の乳業資本に固定されがちだからである。取引関係が安定しているので，特定需要者用のオーダーメイド製品の供給に乳業資本が応じやすいのがこの類型市場での取引の特徴となる[18]。また，乳業資本が取引関係を安定化させるために積極的にオーダーメイド生産を提案している。オーダーメイド製品の供給を受けることは需要者にとって取引関係の固定化を意味し，その点で乳業資本が需要者から価格面で一定の譲歩を引き出すことが可能となる。適合的な生産方式は第1類型と同じ理由で，少品種大量生産である。

　最後の第3類型は「小口需要型」市場である。需要者は零細な製菓・製パン業(いわゆる街角ベーカリー)，レストランなどで，一契約あたりの供給量は当然にも小さい。需要者の中では最も品質にこだわり原材料にも独自性を求めているため，需要者を満足させうる質をもつ乳製品を供給できれば価格面で優位な取引が可能になる。また，その取引関係は必然的に固定的な性格を帯びる。この場合，乳業資本は取引単位の小さい多数の需要者と取引をすることになるが，問題は「小口需要型」市場に対応する上での特有の事情，つまり個々のオーダーメイド商品が多くなることで製造品目が多岐にわたり，多品種小量生産が求められるということである。ところで，少品種大量生産と多品種小量生産とでは，それぞれに適合的な生産設備の技術的体系が異なる。よって，専用設備を別個に設置するか，どちらか片方で代用することになるが，大抵は少品種大量生産向けの生産設備で対応することになる。その際に生ずる事態は，生産設備稼働率の低下である。よって，家庭用市場(**表3-5**の「量販店型」市場)向けの少品種大量生産方式を採用している乳業資本にとって，「小口需要型」市場への対応は生産設備の効率的運用という面で難点がある。

---

18) 雪印乳業が大手乳酸菌飲料メーカー専用の脱脂粉乳を製造している事例が代表的である。

3）業務用乳製品市場の性格による企業行動の制約

　これら市場類型の特徴が，以下のように乳業資本の企業戦略を制約ないし限定的にさせる効果をもつ点を指摘できる。

　一般に大手乳業資本（雪印・森永・明治）は家庭用市場で大きなシェアを占め，家庭用製品を優先する生産態勢を敷いている。よって多くの工場は，少品種大量生産方式に適合的な生産設備をもつ。その点で「大口需要・価格重視型」「大口需要・特約取引型」の両市場に対応しやすいと言える。しかし「大口需要・価格重視型」市場の場合，取引量が大きいため魅力は大きいが，取引関係が不安定なため生乳を取り扱う乳業資本にとってはリスキーな市場である。なぜなら，大手乳業資本は生乳生産者団体から生乳を一定期間にほぼ一定量購入しているので，取引が打ち切られた場合に行き場を失った乳製品が過剰在庫に転化し損失が生ずる。「大口需要・価格重視型」市場で乳業資本と競争関係にあるメーカーは自ら生乳を処理しないメーカーも多く（例えばプロセスチーズ），これらメーカーと比較して乳業資本はより大きいリスクを負うことになる。非生乳処理メーカーは原材料を自社外部（主として海外市場）から購入しているので，在庫リスクが乳業資本より小さい（これは大手輸入商社も同様である）。よって第1類型市場では，大手乳業資本は生乳処理資本という性格のゆえに不利な競争条件の下におかれていると言ってよい。換言すれば，取引関係の変動に対する柔軟性が小さいのである。この点を逆から言えば，大手乳業資本が業務用市場で大口需要者と取引を拡大しようとする場合には，「大口需要・特約取引型」市場を志向するとリスクを小さくできると思われる。その場合，取引関係を固定的にするためには価格だけではなく，需要者のニーズに沿った原料乳製品の供給をする必要がある。

　次に「小口需要型」市場の場合であるが，生乳から乳製品を製造する大手乳業資本は競合する非生乳処理メーカーより高品質の製品を供給しうること，そして品質調整をおこないやすいことから競争上で優位に立てると言える。だが，すでに述べたように「小口需要型」市場対応とし

ての多品種小量生産は大手乳業資本の生産方式と適合的でなく,「小口需要型」市場での売上高比率を大きくしすぎると設備稼働率の面で負の影響がある。このマイナス要素をいかに低減できるかがポイントだが,中小規模資本への技術協力・委託生産という形態で多品種少量生産に対応することも可能である。

　以上の分析から家庭用市場と業務用市場とのシェア格差の要因を説明する。業務用プロセスチーズは「大口需要・価格重視型」市場の典型的な品目であり,「宝幸」「六甲バター」は原料とするナチュラルチーズを国産,輸入ともに自社生産せず市場から購入している。よってフレキシブルな生産態勢をとりやすく,「大口需要・価格重視型」市場で取引をおこなうリスクは大手乳業資本より相対的に小さくなるのである。今後の大手乳業資本の戦略として業務用市場でのシェアを拡大するためには,第2類型である「大口需要・特約取引型」市場を主要ターゲットとするのがリスクのより小さい選択である。しかしこの場合も「量販店型」市場（家庭用市場）を重要視する乳業資本は,「量販店型」市場での取引に影響を与えない程度の大きさに「大口需要・特約取引型」市場での取引を限定せざるを得ない。

　従来,多くの乳業資本は家庭用市場を主要な販売先としてきたが,牛乳乳製品の家庭内消費の落ち込みあるいは落ち込みが予想される中,業務用市場を販売先として重視する戦略を採用しつつある。乳業資本にとって,「量販店型」市場より価格がシビアに評価される業務用市場で一定の利益を確保するためには,大口需要者はもちろんのこと小口需要者であったとしても取引数を増やし売上高を拡大させざるをえない。その場合,大口需要者の中でも原料乳製品の品質を訴求する需要者,あるいは品質訴求を促しうる需要者に取引対象を限定する戦略を採ると思われる（つまり「大口需要・特約取引型」市場の志向）。また一方で,少数の大口需要者とはすでに特定の資本が特約的取引をおこなっている以上,売上高拡大のために多数の小口需要者を奪い合う形態での競争を乳業資本は強いられることになるのである。

第4節 国産チーズ振興とチーズ需要の構造

本節では大手乳業資本3社がチーズ増産を決定した市場要因を示す。すなわち，今回の大手乳業資本によるチーズ増産の決断が近年の需給動向を受けて一定程度の必然性をもってもたらされた事態であると捉え，その論証を試みる。以上の課題を明らかにするために，まずチーズ増産計画の概要を検討した後に，大手乳業資本によるチーズ増産要因を生乳および牛乳乳製品需給との関連で，そして指定団体および乳製品需要者との関連で論述する[19]。

1．大手乳業資本のチーズ増産計画の概要

大手乳業資本によるチーズ増産計画の概要を示したのが表3-6である。明治乳業は2005年10月，雪印乳業および森永乳業は2006年6月にチーズ増産計画を発表し，2008年度の本格稼動を目指している。大規模乳製品工場の建設自体が国内では久しぶりであるが，着目すべきは生産能力の飛躍的増強である。新設や増設などの形態で増強がおこなわれ，計画どおりに実施されれば，これら4社を合計した生産能力は2006年度現在と比して一挙に2倍となる。これによって現在より35万t多い生乳が処理される。一般的な市乳工場の生乳処理能力が1万t程度であることを考えると，これら新工場の巨大さがうかがえる。雪印および森永が現状の約2倍，明治は約5倍のチーズ生産量となり，特に明治が急激に生産量を

表3-6 北海道における大手乳業資本のチーズ増産計画

単位：t/年

		2006年度		増強形態	計画実施後（2008年度目処）		投資額
		チーズ生産量	生乳処理能力		チーズ生産能力	生乳処理能力	（億円）
雪印乳業	中標津工場	7,500	86,000	新設	20,000	200,000	100
	大樹工場	8,000	81,000	設備増強	10,000	100,000	10
森永乳業	別海工場	7,000	90,000	別棟建設	15,000	150,000	70
明治乳業	十勝工場	4,000	45,000	新工場	20,000	200,000	120
よつ葉乳業	十勝主管工場	5,400	54,000	―	5,400	54,000	―
合計		31,900	356,000		70,400	704,000	300

資料：『日刊酪農乳業速報2006夏季特集』p.27の表より作成。

---

[19] 本節の内容は清水池・並木〔2007〕を加筆・訂正したものである。

伸ばすことが予想される。製造予定品目はナチュラルチーズ(以下，NC)[20]であり，計画実施後の生産能力7万tは2004年度国内生産量3.3万tの実に2倍強となる。投資額は70～120億円と見積もられており，各社の1990年代における年平均有形固定資産投資額[21]の3分の1から2分の1を占める。生産能力および投資額の大きさからして，大手各社が中長期的な見通しにもとづいて今回の投資を決意したと考えられる。

なお，各社が増産するNCの種類は，雪印はゴーダ・チェダーなどセミハード系NC，森永はフレッシュ系NCのモッツァレラ，明治はセミハード系のゴーダ・チェダー，モッツァレラが中心品目とされている[22]。この中でも量的規模として大きいと思われるのがプロセスチーズ(以下，PC)原料用NC（ハード・セミハード系）である。各社は2007～2008年度より新たなチーズブランド（もしくはリニューアル）の販売を開始している。雪印は「雪印北海道100」，森永は「クラフトフレッシュモッツァレラ」，明治は「明治北海道十勝」で，3社ともに北海道産生乳の使用を強調している[23]。

2．チーズ増産の要因

チーズ増産の要因として以下の4点を指摘できる。

まず第1にチーズ増産要因と言うよりもチーズ増産の可能根拠と言うべきだが，輸入チーズと対抗できる乳価でかつ70万tのチーズ原料乳を供給できる酪農産地は北海道以外に存在しない。これにより各社は北海道にチーズ工場を建設したと思われる。

第2にチーズ需要増加の可能性である。「食料需給表」の数値より，1人あたり乳製品年間消費量は牛乳を中心に近年減少しているが，減少傾

---

20) ナチュラルチーズは，乳酸菌発酵や酵素添加により生成される凝乳からホエイ（乳清）を除いて固形状にした乳製品である。プロセスチーズはこのナチュラルチーズを加熱溶解して固形状にした乳製品で，従来わが国ではこのプロセスチーズがチーズの中心であったが近年ではナチュラルチーズ消費量がプロセスチーズ消費量を上回っている。
21) 各社の有価証券報告書より年度ごとの有形固定資産増加額を投資額とみなすと，各社の1990年代平均値は雪印396億円，森永260億円，明治427億円である。
22) 『日刊酪農乳業速報2008年夏季特集』より。
23) 各社ホームページより。

向を見せていない品目の1つがチーズである。その消費量は年間およそ2kg（2005年度）で，ヨーロッパ諸国が10〜20kgであることを引き合いに，依然として需要拡大の余地が残されているとされる[24]。ただし2000年以降のチーズ消費量の伸びは90年代と比して鈍化している。消費量の停滞はNCに限定しても同様の傾向であり，国産NCをたとえ4万t増産したとしても，それがそのままチーズ総需要量を4万t分押し上げる可能性は大きいとは言えない。つまり国産NCが国内市場で一定の地位を占めるためには，競合する輸入チーズとの競争に打ち勝つ必要がある。

第3として，今後WTO・FTA交渉の進展に伴って必然的に強まる国際競争にある程度耐えうる競争力を国産チーズが有しているとの判断があるからである。換言すれば，現在輸入されているチーズの一部を国産で置き換えられる可能性があるということである。すでに大量のチーズが輸入され，そのうち9割強をNCが占めており，チーズ全体の自給率は2004年で実に14％弱にすぎない。NCは1951年にいち早く輸入が自由化された後，1980年代半ばの円高昂進により国産NCの国際競争力が低下し，国産NCが輸入NCに駆逐される可能性が生じた。そこで1987年度に不足払いの対象から外され加工原料乳より安価なチーズ原料乳価が設定されてきた（チーズ基金の設立）。2005年度のホクレン受渡乳価は「ソフト系」で50円/kg，「ハード系」で40円/kgである[25]。オセアニアの乳価はおよそ20〜30円/kgであるから国内乳価が安いとは言えないが，すでに貿易自由化品目で低関税であること，チーズ基金や関税割当制度（後述）などによる国産振興政策が存在すること，そして国際的なチーズ需給逼迫による国際価格上昇が見込まれていることから，国産乳製品の中では最も国際競争力があると言えよう[26]。

しかし国産NCが一定の競争力をもつとは言え，あらゆる輸入NCと互

---

[24] 各社のプレスリリースより。
[25] 「ソフト系」はカマンベールやクリームチーズなど，「ハード系」はゴーダ，チェダーなどである。
[26] オセアニアの旱魃による生乳生産の減少，そして中国，インド，ロシアなどでのチーズ需要の高まりの影響が大きい。2006年の時点ではホクレンのハード系チーズ原料乳価は輸入NC生乳換算価格（関税29.8％）とほぼ同水準であったが，2007年には輸入NC同価格がホクレンの供給価格を上回った。清水池〔2009〕p.56の図3－7を参照。

角の立場にあるわけではない。表3－7はNCの生産量・輸入量の推移と内訳である。輸入の過半を占める直接消費用NCのうち，欧州産のいわゆる本格派NCとは品質の格差が大きく，国産が増産されたとしても置き換えは難しいと思われる。よって国産NCの生産拡大で，輸入NCとの置き換えさらには新規需要の拡大が目指されているのは以下の2つのタイプのNCである[27]。1つは輸入されているPC原料用NC，とりわけ関税割当外のそれである。PC原料用NCには関税割当制度があり，国産NC1単位を使用すればPC原料用NCを2.5単位まで無税で輸入できる[28]。それを超えるPC原料用NCを輸入するためには，29.8％の関税を負担せねばならない。表3－7をみると，PC原料に仕向けられる国産NC量は関税割当制度を利用したPC原料用NC輸入量とともに増加している。チーズ実需者にとって，現行の関割制度を利用する有利性は依然として存在すると言ってよい。2004年度ではPC原料用で関税割当外のNCが2.4万tも輸入されており，現在PC原料用NC需要に対する国内供給量は不足傾向にあるとみてよい。よって国産PC原料用NCの供給量が増加すれば，輸入NCと置き換えができる可能性がある。2つに，モッツァレラなどフレッシュ系のNC[29]である。フレッシュ系は消費期限が短いため，とりわけ欧州から輸入する際には船舶ではなく航空機を利用せざるを得ない。当然，航空機による輸

表3－7　ナチュラルチーズの生産量・輸入量

単位：t

年度	国産ナチュラルチーズ合計			輸入ナチュラルチーズ合計			
		プロセスチーズ原料用	直接消費用		プロセスチーズ原料用		直接消費用
						関税割当内	
1980	12,535	10,089	2,446	71,205	45,410	19,992	25,795
1985	19,696	13,840	5,856	79,546	40,200	27,686	39,346
1990	28,415	18,245	10,170	111,629	44,371	36,283	67,258
1995	30,739	19,049	11,690	154,956	61,236	44,863	93,720
2000	33,669	19,041	14,628	202,297	70,730	48,380	131,567
2005	38,754	24,633	14,121	197,575	67,934	52,420	129,641

資料：農林水産省牛乳乳製品課資料より作成。
注：1）直接消費用はプロセスチーズ原料用以外のものを指し，業務用その他原料用を含む。
　　2）関税割当数量は国産プロセスチーズ原料ナチュラルチーズ1単位に対し，2.5単位まで。1994年度以前は2単位。

[27] 雪印乳業・家庭用事業部，チーズ普及協議会からの聞き取り調査による。
[28] 1995年度以前は2単位。
[29] フレッシュ系のNCにはモッツァレラ，マスカルポーネ，フロマージュ・ブランなどがある。

送コストは船舶と比して高い。関税は製品コストのみではなく，それに運賃や輸送保険料を加えた値にかけられる。つまり，同じ製品コストであっても輸送コストが高くなれば課税後の価格はより高くなるので，そのぶん国産NCに競争の余地が生ずるのである。また消費者が鮮度を重視するフレッシュ系は海外産より国産の方が市場競争の上でも優位に立つであろう。

以上の動向を裏付けるものとして，主要輸入国からの輸入NC内訳を表3－8に示した。オーストラリアおよびニュージーランドの上位2カ国で7割程度（数量）を占める。両国からの輸入NCはEU25などより安価であり，主としてPC原料用ならびにシュレッド原料用（業務用含む）[30]に仕向けられるハード系NC，そしてフレッシュ系のNCの輸入が大半を占

表3－8　国別・種類別ナチュラルチーズ輸入量，輸入単価（2007年1～12月）

単位：t, 円/kg

国名		関税割当内	関税割当外					合計
			フレッシュ	粉末	ブルー	その他	小計	
オーストラリア	量	28,680	50,629	70	1	17,362	68,062	96,742
	単価	(377)	(351)	(389)	(1,389)	(384)		
ニュージーランド	量	22,616	11,488	19	－	29,822	41,329	63,945
	単価	(372)	(325)	(425)		(378)		
EU25	量	4,408	10,118	996	816	22,355	34,284	38,692
	単価	(461)	(748)	(783)	(1,463)	(639)		
アルゼンチン	量	783	2,449	－	－	5,653	8,102	8,885
	単価	(351)	(448)			(342)		
米国	量	636	3,056	1,728		998	5,782	6,418
	単価	(336)	(460)	(1,593)		(447)		
その他	量	－	287	4	8	1,092	1,390	1,390
	単価							
合計	量	57,123	78,027	2,817	824	77,282	158,949	216,072
	単価	(381)	(402)	(1,268)	(1,466)	(460)		

資料：財務省「貿易統計」より作成。
注：1）数値は速報値。
2）「EU25」は現加盟25カ国合計値。
3）関税割当（関割）はプロセスチーズ原料用ナチュラルチーズが対象。なお関割にはフレッシュの関割分4,817tを含む。
4）関税割当外の「その他」は，関割外のプロセスチーズ原料ナチュラルチーズやシュレッドなど。
5）輸入単価はCIF価格（運賃，保険料込み価格）。
6）輸入単価について，「関割」は「その他・PC原料，関割」，「フレッシュ」は「フレッシュ・その他」，「ブルー」は「ブルーベインド・その他（PC原料・関割外）」，「その他」は「その他・その他（PC原料，関割外）」の数値。

[30] シュレッドとはNCを短冊状に裁断加工したチーズで，ピザやグラタン，チーズフォンデュなどの用途に用いられる。

第3章　1990年代以降における牛乳乳製品需給の特徴

めている。よって大手乳業資本がNCを増産した場合，量的規模でいうとオーストラリアとニュージーランドのNCとの競争がメインになると思われる[31]。

次にチーズを増産品目に選んだ要因の第4であるが，チーズ生産部門（NC，PCともに）はチーズ生産の経験が長い大手乳業資本にとって蓄積された技術を発揮できる有利な部門であり，競争相手であるプロセスチーズメーカー[32]より製品差別化をはかりやすい。この20年余りでの大手乳業資本のシェアの高まり，そして売上高に占める比率を一貫して上昇させてきた事実はこのことを傍証していよう[33]。

3．指定団体および乳製品需要者に由来する要因

大手乳業資本にとってのチーズ増産要因を指摘してきたが，乳業資本に原料乳を供給する指定団体，ならびに乳業資本が製品を販売する乳製品需要者（小売，食品加工資本，外食産業など）に由来するチーズ増産の要因があると思われる。

1）指定団体

北海道指定団体ホクレンは，この間そもそも直接に大手乳業資本に対してチーズ工場の新設を要求してきた[34]。その目的は生乳販売の絶対量を増加させることにあった。

言うまでもなく北海道には大規模酪農家が多く存在し，牛舎や搾乳機器に大量の資本を投下して少なくない負債を抱えている。こういった投資は生乳の増産を前提におこなわれているので，近年の計画生産による生産量の抑制は負債圧力の一層の増大として生乳生産者に作用する。よって，計画生産の対象外になるチーズ原料乳の取引量増加は指定団体側の

---

[31] その点で2006年末になってにわかに浮上してきた日本・オーストラリア間のFTA交渉の帰趨が注目される。
[32] プロセスチーズメーカーとは，六甲バターや宝幸などのようにNCを自社生産せず，原材料のNCを全て市場から調達するPCメーカーである。NCを自社生産できないため，大手乳業資本よりは製品開発の幅が狭まると言える。
[33] チーズにおける生産集中度の高さについては並木〔2006〕pp.138-139を参照。
[34] ホクレンからのヒアリングによる。

要望としても現れる。

　だが飲用向けより50円近く安いチーズ原料乳の増加は，酪農家手取り乳価であるプール乳価を押し下げる。2007年度に生じた国際乳製品価格の高騰により，輸入価格と連動した価格設定がなされるホクレンのチーズ原料乳価が上昇し，プール乳価の押し下げ作用は小さくなってはいる。しかし大手乳業資本が輸入NCに対して品質面よりも，直接は大量生産によるスケールメリット発揮による生産コスト削減で対抗しようとしているので，国際価格が下落すれば当然にも乳価引き下げの要求がなされる。また，大手乳業資本自身が輸入NCの大口需要者である。その点で大手乳業資本のチーズ増産は使用する一部NCの国内生産費用を，市場での調達費用以下にしようとする試みと言える。大手乳業資本のチーズ生産は輸入と国産の二本立てを前提としてなされており，国内酪農振興の方向性と必ずしも合致するわけではないと思われる。

2）乳製品需要者

　乳製品需要者にとっての国産チーズのメリットの第1は，チーズないしチーズ加工品の需要拡大の可能性と北海道ブランドによる製品差別化である。チーズ需要の可能性については上述したが，それに付随してチーズ加工品需要の拡大も期待されている。ただしそれ自体では国産チーズである必要はない。だが，チーズがそのまま消費者へ販売される場合はもちろんのこと，原材料としてのチーズの場合でも近年では加工食品の原材料産地表示が広がっており，その際に「北海道のチーズ」が製品差別化に寄与するのである。第2として関税割当制度の存在である。とりわけチーズを需要する食品加工資本は国産チーズの絶対量が増加することで，関税割当の対象としうる輸入チーズの量が増加し，無税でチーズを輸入して原材料コストを削減できる。現状は関税割当外で輸入されているチーズが多いことから，国産チーズ使用による関税割当制度の利用が増大する余地は大きいと思われる。

　国産チーズの有望な需要者として，チーズを原材料として利用する食

品加工資本や外食（中食を含む）産業に注目せねばならない。**図3－6**に2001年度の国内チーズ需要の構造を示した。原材料としてのチーズ，つまり業務用チーズ消費はチーズ全消費量のうち5割を占める[35]。業務用チーズ消費量13.6万tのうち，NCが約7割で9.3万t，PCが残り4.3万tである。業務用チーズの国産・輸入比率は定かではないがチーズ全体の動向からすると，NCは輸入，PCは国産が大半を占めると思われる。業務用NCの需要業種は「ホテル・レストラン」，宅配業・冷凍食品製造業などの「ピザ」関連業，「製菓・製パン」業の3つでその大半を占める。業務用PCは「ファストフード」等の外食チェーンに85％，「製菓・製パン」業に10％が仕向けられている。これら業務用チーズ需要業種では近年の食料支出減少を受けて競争が激化し，製品開発が活発化している。その中で，輸入物が大半を占めるNC（あるいは国産PCであっても原材料に輸入NCが含まれるPC）を利用する業務用チーズ需要者が，最終製品差別化

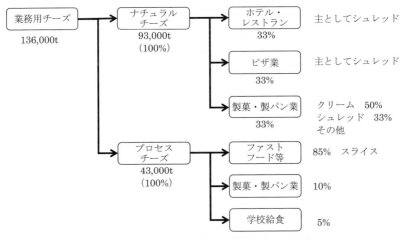

図3－6　業務用チーズの需要構造（2001年度）

資料：大手企業（2社）からのヒアリングをもとに作成。
注：1）少数値は切り捨てているので，比率を合計しても100％とならない場合もある。
　　2）ナチュラルチーズにプロセス原料用ナチュラルチーズは含まない。

---

[35] 以下の分析は大手チーズ取扱企業2社からのヒアリングによる。なお，この場合の業務用消費にはPC原料用NCは含まれていない。

の一手段として国産チーズに着目する可能性がある[36]。量販店等を通じたチーズ単体の消費（チーズの家庭用消費）が伸び悩みを見せている現状では，大手乳業資本にとって国産チーズの新規需要先として業務用消費は重要な存在と言える。

第5節　小括

　本章の課題は，1990年代以降の牛乳乳製品需給の特徴を明らかにすることであった。

　その特徴は，第1に牛乳やバター，脱脂粉乳といった牛乳乳製品の中心品目の需要が停滞ないし減少していること，第2に発酵乳・乳飲料といった牛乳以外の飲用牛乳等の需要増加，そしてクリーム・脱脂濃縮乳といった液状乳製品，チーズなどその他乳製品の需要増加である。第3に業務用需要の重要性の高まりである。特に乳製品需要増加分の多くが，乳業資本や食品加工資本による業務用需要である。チーズの事例分析では，大手乳業資本によるチーズ増産の動きはチーズ需要に基本的に規定されているとはいえ，輸入チーズの国産チーズへの置き換え需要そのものを積極的に創造するという大手乳業資本の市場行動が明らかとなった。

---

[36] 現在のところ国産チーズの採用は小口需要者が中心だが，これは大口の新規需要に応えうる生産余力を大手乳業資本が持ち合わせていないためと思われる。

第3章　1990年代以降における牛乳乳製品需給の特徴

表3補－1　牛乳乳製品の種類

生乳			搾乳したまま人の手を加えていない乳用牛の乳
牛乳等			
	飲用牛乳等		
		牛乳	生乳に生乳以外のものを混ぜず，直接飲用等に供するもの
		加工乳	生乳，あるいは乳製品を原料として，水以外のものを混入しないで製造される飲料
		成分調整牛乳	生乳から乳脂肪分やその他の成分を除去したもの
	乳飲料		生乳あるいは乳製品を主要原料とした飲料で，乳あるいは乳製品以外の原料を添加した飲料
	発酵乳		生乳および乳製品を原料として，乳酸菌あるいは酵母で発酵させたもの
	乳酸菌飲料		生乳および乳製品を原料として，乳酸菌あるいは酵母で発酵させた飲料
乳製品			
	バター		生乳から分離した乳脂肪分をチャーニングして塊状にし，成形したもの
	脱脂粉乳		生乳からほとんどの乳脂肪分を除去したものから水分を除いて粉末状にしたもの
	全粉乳		生乳からほとんどの水分を除去して粉末状にしたもの
	液状乳製品		
		クリーム	生乳から乳脂肪分以外のものを除去したもの
		脱脂濃縮乳	生乳から無脂乳固形分以外のものを除去したもの
		濃縮乳	生乳から水分を除いて濃縮したもの
	練乳		生乳から乳脂肪分を除去したものを濃縮したもの
	チーズ		
		ナチュラルチーズ	乳酸菌発酵や酵素添加により生成される凝乳からホエイ（乳清）を除いて固形状にしたもの
		プロセスチーズ	ナチュラルチーズを加熱溶解して固形状にしたもの
	アイスクリーム		生乳または乳製品のショ糖，香料，乳化剤などを添加し攪拌しながら凍結させたもの 統計上は乳脂肪分8％以上，乳成分15％以上のものをいう

資料：「牛乳乳製品統計」などから作成。

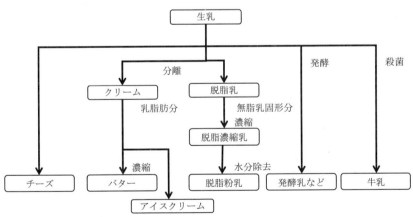

図3補－1　牛乳乳製品の製造工程

資料：筆者作成。

第4章　生乳生産者団体の原料乳分配方法による原料乳市場構造の変化
　　　――北海道指定生乳生産者団体ホクレン農業協同
　　　　組合連合会の「優先用途」販売方式に着目して――

第4章　生乳生産者団体の原料乳分配方法による原料乳市場構造の変化
――北海道指定生乳生産者団体ホクレン農業協同組合
　　連合会の「優先用途」販売方式に着目して――

第1節　本章の課題

　1990年度以降，わが国で飲用乳向けに処理される生乳が47万t減少した一方で乳製品向けはおよそ40万t増加したが，それに大きく寄与したのがクリーム・脱脂濃縮乳といった「液状乳製品」である。乳製品主産地である北海道では1990～2007年度にかけて加工原料乳（バター・脱脂粉乳など向け）は14％減少した一方で，生クリーム等向け（液状乳製品向け）は232％増と大幅に増加した[1]。このように原料乳の需給動向には用途によってかなりの差異を見出せる。

　生クリーム等向け取引の拡大に関する既存研究として矢坂〔2000〕，並木〔2006〕がある。矢坂〔2000〕は生クリーム等向け取引の拡大を可能にした条件，そして液状乳製品が主として乳飲料など飲用乳向け原料として用いられることから北海道が飲用乳原料地帯としての性格を帯びつつある点を明らかにした（道外への生乳移出の恒常化と合わせて）。並木〔2006〕は生クリーム等向け取引が生乳需要拡大および乳価安定化の両側面に寄与した点を指摘した。しかし既存研究では，生クリーム等向け取引の拡大が原料乳市場構造にいかなる影響を及ぼしたかといった視点は見られない。

　本章の課題は，指定生乳生産者団体（指定団体）の原料乳分配方法をひとつの規定要因とする原料乳市場構造の変化を明らかにすることである。事例対象とする指定団体は北海道指定団体ホクレン農協協同組合連合会（ホクレン）とする。まず，ホクレンの原料乳分配方法である「優先用途」販売方式の性格を論じる。そして原料乳市場構造の変化を用途構成および原料乳買い手集中度，参入障壁の点から論じる。

---

[1] ホクレン酪農部資料より。

第2節　ホクレンの「優先用途」販売方式

1．「優先用途」販売方式の仕組み

　表4−1に2007年度現在のホクレンの取引用途を示した。用途のタイプは主として2つあり，1つはバター・脱脂粉乳など指定乳製品等向けの加工原料乳，いま1つは加工原料乳以外の「優先用途」である。「優先用途」は以下の4用途から構成される。チーズ原料乳はナチュラルチーズ向け，飲用乳向けは牛乳向け，発酵乳等向けは発酵乳・乳酸菌飲料向け，生クリーム等向けはクリーム・脱脂濃縮乳など液状乳製品向けである。飲用乳向けはさらに，北海道内で消費される牛乳向けの道内飲用乳向け，北海道外で消費される牛乳向けで乳業資本が移出する道外飲用乳向け，同じく北海道外で消費される牛乳向けでホクレンが移出する道外移出生乳[2]，学校給食向けの4つの細用途に分化している。これらの用途

表4−1　ホクレンの取引用途区分

単位：円/kg

用途名称		完成製品	2007年度価格	
加工原料乳		バター，脱脂粉乳など	57.96	
《「優先用途」》				
チーズ原料乳	ハード系	ゴーダ，チェダーチーズ	41.00	
	ソフト系	その他ナチュラルチーズ	50.00	
飲用乳向け				
道内飲用乳向け		道内向け牛乳・加工乳	96.40	
道外飲用乳向け		道外向け牛乳・加工乳	76.28	(注3) 関東以西向け価格
道外移出生乳		道外向け生乳(道外工場で加工)	約91.50	
学校給食向け		学校給食用牛乳など	83.95	
発酵乳等向け		発酵乳，乳酸菌飲料	75.75	
生クリーム等向け		クリーム，脱脂濃縮乳，濃縮乳	67.50	(注4) クリーム向け価格

資料：ホクレン「指定団体情報」より作成。
注：1）上記用途別価格は，乳脂肪分率3.5％，無脂固形分率8.362％を基準とする。基準を超えた場合には乳脂肪分率0.1％ごとに0.6726円，無脂固形分率0.1％ごとに0.4224円スライド加算する。
　　2）上記用途別価格にさらに消費税5％相当額が加算される。
　　3）道外飲用乳向けには「北東北」「南東北」「関東以西」の3用途があるが，大部分が「関東（を含む）以西」向け。
　　4）生クリーム等向けには「クリーム」「脱脂濃縮乳」「濃縮乳」の3用途がある。ここでは最も量が多いクリーム向けの乳価を示した。
　　5）学校給食向けには集団飲用向けを含む。

---

[2] 道外への生乳販売は全国連である全農に再委託する形式をとっている。生乳移出費用はホクレンが負担する。

が「優先用途」とされる理由は加工原料乳より乳価が高い，あるいは完成製品の需要が増加しているためである。

次にホクレンの乳業資本への原料乳分配方法である「優先用途」販売方式について説明する[3]。原料乳分配方法は「優先用途」と加工原料乳とで異なる。まず「優先用途」の場合は必要量分配で，乳業資本が必要とする量をホクレンに申請して基本的にその希望数量が分配される。特に「優先用途」は，受託乳量全体から先取りして各社に優先的に配分される点が重要である。だが加工原料乳の場合は必要量分配ではなく，「持分比率」[4]分配である。あらかじめ年度当初の乳価交渉時に乳業資本ごとの「持分比率」（パーセント表示）を決めておく。そして組合員の受託乳量から「優先用途」を先取りして除いた量に各社の「持分比率」をかけて求められる量を，加工原料乳として分配する。いわば加工原料乳は残余分配なのである。受託乳量400万t，「優先用途」200万t，A社「持分比率」50％とすれば，A社への加工原料乳分配量は(400−200)×0.5＝100万tとなる。

2．「優先用途」販売方式の特徴

ホクレン酪農部からの聞き取り調査によれば，「優先用途」販売方式が原料乳分配方法として乳業資本との間で合意されたのが1983年頃である[5]。「優先用途」分配方式は以下のような特徴をもつ。

第1に，生乳需給の変動は加工原料乳に集中する傾向になる。つまり需給緩和の際は加工原料乳が過剰となり，需給逼迫の際は加工原料乳が不足となる。一般に生乳需給の変動がバター・脱脂粉乳在庫の増減として現象するのはこのためである。

---

[3] ホクレン酪農部聞き取り調査より。
[4] 正式には「乳業者間構成比率」と呼ばれる。
[5] 直接の経緯は1980年度の雪印乳業の受乳拒否である。これは乳製品の過剰在庫が要因であった。ホクレンは「優先用途」を必要量分配するかわりに，加工原料乳を「持分比率」という一律分配で乳業資本に引き受けさせることが可能となった。ただし，ホクレン「ホクレン生乳受託販売の手引」（2002年）によれば，乳業資本の加工原料乳「希望数量」を「上限値」として各社の「持分比率」を決めるとされている。あくまでもこの比率は目安であり，特に余乳発生の際には処理能力に余裕をもつ乳業資本が比率分以上の生乳を引き受けることになる。

第2に，第1の点からホクレンは生乳需給の変動リスクを乳業資本の乳製品在庫負担として転嫁できる。ただし完全にリスクを転嫁できるわけではなく，農協系乳業資本のよつ葉乳業による乳製品在庫負担や，大幅な需給緩和時にはホクレンによる乳製品委託製造コスト負担といった形で部分的にリスクを負う。

　第3に，「持分比率」は固定的に推移する傾向にある。各社の「持分比率」変更は，比率を減らしたい会社と増やしたい会社の2社の意向が一致した時に可能となる。実際は「持分比率」が「既得権益」として固定化され，配乳実績の少ない乳業資本にとって「参入障壁」となる点が指摘されている[6]。「持分比率」の大きな移動は雪印乳業とよつ葉乳業の間でのみなされている[7]。

3．ホクレンによる配乳権の主体的行使

　ところで，「優先用途」販売方式は生乳生産者団体が原料乳分配を主体的に決定できること，すなわち配乳権の主体的行使を前提としている。ある生乳生産者団体が特定の地域でほぼ生乳販売を独占していたとしても，集乳施設・ミルクローリーといった生乳輸送手段が乳業資本主導で運用され，生乳生産者団体が原料乳の分配を主体的に決定・実施できない場合がある。1960年代以前はこういった乳業資本による原料乳地域の囲い込み＝垂直統合が広範に存在しており，都府県の一部地域では現在でも散見される[8]。

　1960年代以前は特定の乳業資本による排他的集乳域の存在に規定され，ホクレンは配乳権を十全に行使できない状況にあった。しかし，ホクレンは1970年代末までに酪農家から工場までの生乳流通網の掌握を進め，農協系統の集送乳施設を経由する生乳の比率は1966年度の18％から1975年

---

6) 中央酪農会議編〔2002〕p.52より。
7)「持分比率」に近似する各社の加工原料乳シェアより（ホクレン酪農部資料より）。特に1970〜1980年代，雪印が下降する一方，よつ葉が上昇する関係にある。
8) 矢坂〔2000〕p.40は，1995年度の時点でタンクローリーの運行指示を完全実施している指定団体は4割，送乳指示権を指定団体側がもつ集送乳路線比率は4分の1にすぎないと指摘している。

度の78％へと飛躍的に上昇した[9]。現在ではミルクローリー，クーラーステーション（貯乳所），生乳移出用フェリーなどほぼ全ての輸送手段がホクレン（系統農協）の負担と責任の下で運用されている[10]。1970年代におけるこの変化は，生乳生産者団体と乳業資本との力関係の変化というより，この時期に乳製品の需給緩和が周期的に生じるようになって乳業資本の負担する需給調整コストが増加し，全量受乳を基本とする原料乳地域囲い込みの意義が低下したためと考えられる。乳業資本は垂直統合関係を徐々に解消し，垂直統合下では自らが負担していた生乳輸送費をホクレンに負担させ，原料乳調達コストの削減をはかったのである[11]。

結果として，ホクレンは1970年代末までに主体的な配乳権の行使が可能となった。ときに配乳先となる乳業資本の変更を伴う「優先用途」の優先配乳，つまり「優先用途」販売方式はこの配乳権の主体的行使を前提条件とし，以後実際に展開されることになる。

第3節　原料乳市場構造と原料乳取引の展開

1．北海道の原料乳市場構造

図4－1に北海道における原料乳市場構造を示した。原料乳販売側をみると，ホクレンが単独で98％と圧倒的なシェアを有し，その他生乳生産者団体[12]はわずか2％程度にすぎない。よって北海道の原料乳市場は売手独占の状態にあると言える[13]。次に原料乳購入側をみると，1社あたり購入量50～80万tの大手乳業資本が4社で全体の74％，続いて大手資本よ

---

9) ホクレン編〔1985〕p.183参照。
10) ホクレンが道外移出向けの生乳を確保するため，一部乳業工場（大規模工場）のクーラーステーションはホクレンの委託を受けて運営される形態をとっている（ホクレンが乳業側に委託料を支払う）。
11) 梅田〔2007〕pp.202－203を参照。具体的には雪印乳業史編纂委員会編〔1985〕pp.67－68に，「工場着乳価格」の実現（ホクレンによる輸送費負担），「需要に即した原料乳買入量の確保」との記述がある。
12) その他生乳生産者団体は加工処理施設をもつ生乳生産者団体で，ホクレンとの間で原料乳取引はなく，ほぼ完全に独立した生乳流通を形成する。これらの生乳生産者団体は，不足払い法による補給金交付を受けていないことから「アウトサイダー」と呼称される。北海道ではサツラク農業協同組合，函館酪農公社の2酪農協が主要なアウトサイダーで，2007年度の集乳量は約6万t（2酪農協合計）である（「日刊酪農乳業速報資料特集」より）。
13) この売手独占の要因は，不足払い法をはじめとする関連制度によるところが大きいと思われる。

第4章　生乳生産者団体の原料乳分配方法による原料乳市場構造の変化

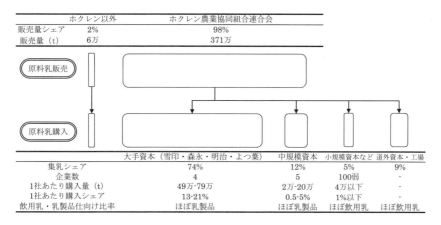

図4-1　北海道における原料乳市場構造（2007年度）
資料：ホクレン「指定団体情報」，「日刊酪農乳業速報資料特集」より作成。
注：1）「ホクレン以外」はサツラク農協および函館酪農公社の集乳量合計。
　　2）乳業資本の購入シェアはホクレン販売量に対する数値。

りは購入量の小さい中規模乳業資本[14]が5社で12%を占める。残り5%は100弱の小規模資本・業者が購入する。ホクレン販売量のうち91%が道内で加工処理され，残り9%は都府県の乳業資本ないし工場に移出される[15]。以上のように，少数の乳業資本に購入量が集中しており，道内の原料乳市場は買手寡占の状態にあると言える。

よって北海道における原料乳市場構造は，売手独占および買手寡占を特徴とする。大手資本のうち森永乳業と明治乳業，ならびに中規模資本1社は，都府県にも工場を設置し地元の生乳生産者団体からも原料乳を購入するが，乳製品向け原料乳の供給元はホクレンにほぼ限定される。また大手・中規模資本ともに，ホクレンから購入する原料乳はほぼ乳製品向けである。よって北海道の原料乳市場では，ホクレンがあらゆる乳業資本に対して実質的に唯一の原料乳供給者の関係にある。

---

[14] 本章では大手資本より相対的に購入量の規模が小さく，かつ乳製品を製造する乳業資本を中規模乳業資本とした。小規模層と購入量規模が重複するのはこのためである。
[15] やや古いデータだが，矢坂〔1988b〕p.123によると道外移出生乳販売先は消費地の中小乳業資本が多いとされる。

2．1990年代までの原料乳取引の特徴

図4－2は乳業資本の北海道での原料乳購入シェアおよびホクレン販売量に占める加工原料乳比率の推移である。ホクレン酪農部資料によれば，1980年代までは全用途が量的に増加した。その中で加工原料乳比率は1980年度の7割超から1990年度の6割まで低下した。各社の原料乳購入シェアは1990年代以降と比較すれば，1980年代までは固定的に推移していると言える。購入シェアが比較的固定化していたのは以下の2つの要因が考えられる。

まず第1に，加工原料乳比率低下は飲用乳向け，特に道外移出生乳の増加による。よって，道内での原料乳購入関係（≒原料乳購入シェア）にあまり影響を与える性質の変化ではない。

第2に，各社の購入用途は加工原料乳が主であった。よって加工原料乳の「持分比率」分配の参入障壁的性格により，購入シェアが固定化されたのである。雪印乳業およびよつ葉乳業は比較的大きなシェアの変動が見られるが，これは両社間での「持分比率」移動が原因と考えられる。

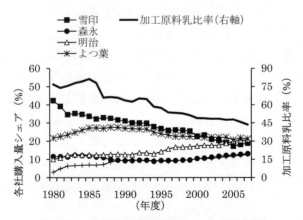

図4－2　乳業資本の原料乳購入シェア（北海道）

資料：ホクレン酪農部資料より作成。
注：1）各社購入量シェア＝各社購入量／ホクレン販売量。
　　2）加工原料乳比率＝加工原料乳販売量／ホクレン販売量。
　　3）2002年度以降の雪印の数値には日本ミルクコミュニティを含む。

第4章 生乳生産者団体の原料乳分配方法による原料乳市場構造の変化

第4節 原料乳分配方法に規定された原料乳市場構造の変化

1．原料乳購入シェアおよび用途構成の変化

まず原料乳市場構造の全体的な変化について検討する。**図4－3**にて1990年度と2007年度の各社の原料乳購入シェアおよび用途構成を比較した。横軸は各社の原料乳購入シェア，縦軸は各社の用途構成を示す（飲用乳向けに発酵乳等向けを含む）。中規模乳業資本は5社の合計表記，その他はそれ以外の小規模乳業資本および道外移出生乳の合計とした。

まず1990年度の原料乳市場構造の特徴は，第1に加工原料乳比率が6割程度，そして大手乳業資本の購入量の7～8割が加工原料乳である。第2は雪印の購入シェアが31％と，大手乳業資本の森永乳業および明治乳業と比すると2倍以上の大きい突出したシェアをもつ。

つづいて2007年度の市場構造を検討すると，以下の点で特徴的な変化

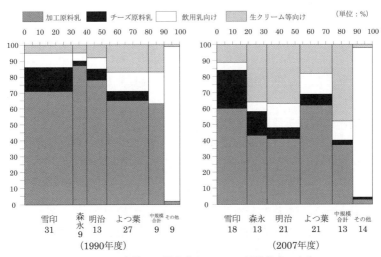

図4－3　各社の原料乳購入シェア・用途構成の変化

資料：ホクレン酪農部資料，ホクレン「指定団体情報」より作成。
注：1）飲用乳向けには発酵乳等向けを含む。
　　2）2007年度の雪印乳業は，日本ミルクコミュニティ（メグミルク）を含む。
　　3）中規模合計は，中規模乳業資本5社の合計。
　　4）その他は，それ以外の小規模乳業資本および道外移出生乳の合計。

を示した。第1に1990年度で31％と突出していた雪印の原料乳購入シェアが低下し，各社のシェアが均等化した。この間の変化をみると，雪印およびよつ葉の購入シェアは低下，その一方で明治・森永・中規模合計・その他の購入シェアは上昇した。よつ葉を除く大手乳業資本3社の合計シェアは50％強とほぼ不変である。しかし，その内訳をみると雪印がマイナス15ポイントと大きく低下したのに対して，明治が伸長して雪印を上回り，シェアはよつ葉と並んで最大となった。農協系資本のよつ葉以外で購入量の大きい大手乳業資本3社のシェアが拮抗した点を重要な特徴として指摘できる。

　第2に，原料乳購入シェアの拡大は「優先用途」の増加により生じたという点である。図をみると明治・森永・中規模合計が「優先用途」，特に生クリーム等向けの購入量拡大によりシェアを伸ばしたのが分かる。「優先用途」の増加が一部の乳業資本に集中したことによって，購入シェアの変化が生じたのである。

　第3として，「優先用途」の増加により原料乳市場での取引用途の偏りが小さくなった点である。1990年度で6割超だった加工原料乳比率は2007年度には4割近くまで低下した一方で，飲用乳向け・生クリーム等向けともに20％を超え，取引用途の多様化が進展したと言える。

2．各用途における原料乳取引の変化

　次に用途別の原料乳取引の変化を通じて原料乳市場構造の変化を分析する。飲用乳向け3用途およびチーズ原料乳の用途別乳価が一部期間については不明だったため，これらの用途別乳価を試算して求めた。試算方法を表4－2に示した。

　表4－3は用途ごとの原料乳取引の変化内容である。原料乳取引量および取引高，買い手累積集中度（CR3），用途別乳価，そして仕向け製品の卸売物価指数[16]および最終需要量を示した。ただし，ヨーグルトとクリー

---

[16] 卸売物価指数は2000年に企業物価指数へと統計上の名称が変更されたが，本章では卸売物価指数に名称を統一している。

第4章　生乳生産者団体の原料乳分配方法による原料乳市場構造の変化

表4－2　用途別乳価の推定方法

用途名	推定期間	不明理由	推定方法
チーズ原料乳	1990－2007	ハード系とソフト系の内訳が不明	ホクレン酪農部聞き取り調査より概ね原料乳重量比率がハード：ソフト＝4：1で推移しているとのことから、同比率をもとに試算。
道内飲用乳向け	1990－1993	建値表記のため	「農業物価統計」の「総合乳価」北海道平均値と同一の変化率をとったと仮定して試算。
道外飲用乳向け	1990－1993	建値表記のため	道内飲用乳向けから、1994～06年度における道内・道外飲用乳向けの平均差額20.12を差し引いて試算。
道外移出生乳	1992－1998	建値表記のため	「農業物価統計」の「総合乳価」栃木県平均値（関東地方の飲用乳向け原料乳主産地）と同一の変化率をとったと仮定して試算。

資料：筆者作成。

表4－3　北海道における原料乳市場構造の変化

用途	年度	原料乳取引量(t)	原料乳取引高(億円)	(％)	CR3	乳価(1990＝100)	卸売物価指数(1990＝100)	最終需要量(1990＝100)
加工原料乳（バター，脱脂粉乳）	1990	1,881,448	1,241	59	77.5	100.0	バ100, 脱100	バ100, 脱100
	1998	1,857,814	1,115	48	76.6	91.0	バ 96, 脱103	バ100, 脱105
	2007	1,614,863	936	39	75.4	87.8	バ100, 脱100	バ111, 脱 94
チーズ原料乳（チーズ）	1990	220,698	91	4	95.5	100.0	100	100
	1998	278,065	115	5	87.2	100.0	108	155
	2007	370,026	158	7	81.1	103.9	111	191
道内飲用乳向け（牛乳）	1990	152,634	150	7	72.3	100.0	100	100
	1998	129,845	125	5	70.3	97.5	106	106
	2007	77,572	75	3	63.4	98.0	104	92
道外飲用乳向け（牛乳）	1990	157,001	123	6	61.7	100.0	100	100
	1998	140,122	106	5	63.7	96.9	106	106
	2007	262,407	200	8	69.0	97.5	104	92
道外移出生乳（牛乳）	1990	223,943	238	11	－	100.0	100	100
	1998	423,251	403	17	－	89.7	106	106
	2007	349,882	320	13	－	86.2	104	92
発酵乳等向け（ヨーグルト）	1990	14,917	12	1	75.6	100.0	100	100
	1998	39,904	30	1	54.0	94.3	115	210
	2007	103,295	78	3	56.2	94.3	101	274
生クリーム等向け（クリーム）	1990	274,604	216	10	76.5	100.0	100	100
	1998	606,629	425	18	73.6	88.9	109	164
	2007	910,917	615	26	65.8	85.7	96	242
全用途合計	1990	2,951,276	2,094	100	70.8	100.0	－	－
	1998	3,509,345	2,346	100	65.5	94.2	－	－
	2007	3,710,908	2,401	100	59.8	91.7	－	－

資料：ホクレン酪農部資料、日本銀行「物価指数季報」、「牛乳乳製品統計」、農林水産省牛乳乳製品課資料、「食料需給表」、「家計調査年報」より作成。

注：1）乳価はホクレン酪農部資料より筆者が計測した推定値を含む（表4－2参照）。
　　2）原料乳取引高は、上述の乳価と原料乳販売量の積。
　　3）卸売物価指数と最終需要量は、用途名称の括弧内の製品の物価指数、需要量。
　　4）最終需要量は、バター・脱脂粉乳は農林水産省牛乳乳製品課資料の国内推定需要量、チーズは「食料需給表」の1人あたり年間消費量、牛乳は「家計調査年報」から算定した1人あたり消費量、ヨーグルトは「牛乳乳製品統計」の発酵乳生産量、クリームは前掲資料のクリーム生産量。
　　5）卸売物価指数は年次。
　　6）学校給食向け、その他向け用途は少量のため省略。
　　7）道外移出生乳のCR3は不明。

ムは製品生産量を需要量とした。製品の最終需要が大きく増加したチーズ原料乳・発酵乳等向け・生クリーム等向けは，取引量が増加かつ買い手累積集中度（CR3）が低下している。これら用途への乳業資本の参入増加，ならびに上位3社以外の購入量がより急速に増加したことが買い手集中度の低下要因である。また乳価下落に対して製品卸売価格が上昇，あるいは製品卸売価格下落率より乳価下落率が大きく，これら乳製品生産における付加価値の増大が示唆される。牛乳の最終需要が減少した牛乳向け3用途（道内飲用乳向け，道外飲用乳向け，道外移出生乳）は，道内飲用乳向けのみ取引量が減少した。道外2用途の取引量は増加したが，道外移出生乳は2000年代に入ると減少傾向となった。道外飲用乳向けの集中度上昇は上位企業（特に明治乳業）の取引量増加が要因で，牛乳生産量が減少する中での取引量増加は原料乳調達地域の比重変化を示している。

　さて，特に従来から取引量の多い加工原料乳と急速に取引量が増加した生クリーム等向けとを比較してみる。まず，加工原料乳の取引量は1990〜2007年度で188万tから161万tとなり，14%減少した。乳価は12%ほど下落している。それに伴い取引高は1,241億円から936億円へ減少し，取引高全体に占める比率は59%から39%へ20ポイントも下落した。集中度はほとんど変化がないが，これは「持分比率」分配方式による購入シェアの固定化傾向を反映したためと思われる。次に生クリーム等向けの取引量は同期間で27万tから91万tと3倍以上増加した。乳価下落率は14%で，全用途の中で最も高い。取引高は216億円から615億円と大きく増加し，取引高全体に占める比率も10%から26%となって全体の4分の1程度に達した。買い手集中度は77から66となり，低下したと評価した。クリーム需要量の増加，そして製品卸売価格以上の乳価下落といった良好な取引条件のもと，生クリーム等向けは取引量を拡大した。その際，「持分比率」のように過去の購入実績によって購入量が制約されない必要量分配が実施されたことで，加工原料乳より生クリーム等向けは参入障壁が低かったと言える。この点が活発な取引の一要因となったと考えられる。

以上の各用途の傾向を反映して，全用途合計では原料乳取引量および取引高が拡大しつつ買い手集中度が低下した。分析期間では総じて原料乳取引の積極的な展開がみられたと言える。特に，原料乳分配上の参入障壁が低い「優先用途」で活発な原料乳取引がみられた点が重要である。

第5節　小括

　1980年代における北海道の原料乳市場は全用途が量的には増加しつつも，主として飲用乳向けの増加によって加工原料乳比率が10ポイントほど低下して6割程度となった。一方で乳業資本の原料乳購入シェアは，雪印の下落分をよつ葉が吸収した以外はほとんど変動がなかった。それに対して1990年代以降の原料乳市場構造は以下の点で変化した。第1に，中心用途である加工原料乳の減少ならびに生クリーム等向けの増加である（用途構成の変化）。第2としてシェア上位であった雪印およびよつ葉のシェア低下，それに対しての森永や明治といった中位の乳業資本のシェア上昇がある（買い手集中度の変化）。第3に，原料乳分配における参入障壁の低い「優先用途」で原料乳取引が活発化したことである。

　北海道の原料乳市場はホクレンの売手独占であるから，ホクレンの原料乳分配方法の有り様が市場構造を規定する作用は強い。特に，個々の乳業資本の原料乳需要を反映しづらい「持分比率」方式による原料乳分配は，各社の原料乳購入シェアを固定化させる作用をもつ。「持分比率」分配方式は乳業資本の原料乳需要が変化した場合，特に乳業資本間で原料乳需要にムラが生じると原料乳販売のチャンスロスを引き起こす可能性がある。その点で1990年代中葉以降の必要量分配による「優先用途」の増加は，乳業資本の原料乳需要の変化に応じて原料乳分配が調整されていった過程と評価することもできよう。

　本章では原料乳市場構造の変化を原料乳分配方法から特徴付けたにすぎない。残された課題は，原料乳市場構造の変化を規定する乳業資本および生乳生産者団体の市場行動の解明である。すなわち，第1に生クリー

ム等向けが急速に増加した要因である。ホクレンが同用途の販売を増加させた意味，ならびに乳業資本が同用途の購入を増加させた意味が明らかにされる必要がある。そして第2に，雪印と比して森永および明治が大きく生クリーム等向けを増加させた要因の解明である。これは，大手乳業資本間でも原料乳調達戦略に違いがあることを示唆している。

第5章　原料乳市場構造の変化を規定する生乳生産者団体の市場行動

――北海道指定生乳生産者団体ホクレン農業協同組合連合会を事例として――

第5章　原料乳市場構造の変化を規定する生乳生産者団体の市場行動
　　　──北海道指定生乳生産者団体ホクレン農業協同組合
　　　　　　　　　　　　　　　　連合会を事例として──

第1節　本章の課題

　現代の生乳共販では，乳業資本の原料乳処理用途によって異なる価格条件で取引をおこなう用途別取引が一般的である。乳業資本の原料乳需要は牛乳乳製品の最終需要の派生需要という性格をもつから，用途によって異なる原料乳需要の動向が生じることも考えられる。1990年代における原料乳需要の変化として，1990年代半ばからの加工原料乳需要の停滞そして減少，ならびに飲用乳向け原料乳の需要減少（牛乳需要減少のため）がある。よって1990年代前半の段階で北海道，都府県ともにこれら2用途だけで取引数量の大部分を占めていたから，同一用途で販売を続けるならば，乳価水準を維持するために需要量に対応した生産調整を実施する，乳価を引き下げて需要量を増加させるという2つの対応策が考えられる。

　この間，ホクレン農業協同組合連合会（ホクレン）は，飲用乳向け原料乳の道外移出と液状乳製品（クリーム・脱脂濃縮乳など）向け原料乳の取扱量を顕著に増大させてきた。特に後者の液状乳製品向け原料乳取引の拡大について，矢坂〔2000〕は乳業資本との対抗ではなく「提携」によって取引拡大が実現された点を評価し，「提携」の成立条件について論じている。並木〔2006〕は加工原料乳減少を埋め合わせるように液状乳製品向けが増加して加工原料乳減少の影響を緩和し，生乳需要の拡大と生産者の手取り乳価の安定に寄与したと指摘している。両者ともに生乳共販上のメリットを指摘したが，原料乳市場構造の変化を規定するものとしてホクレンの市場行動を位置づけていない。

　本章の課題は，原料乳市場構造の変化を規定した生乳生産者団体の市場行動を解明することである。事例対象は北海道指定生乳生産者団体(指定団体)のホクレンとする。1990年代以降のホクレンの生乳販売戦略，

特に生クリーム対策について検討する。そして，生クリーム等向け（液状乳製品向け）の拡大がホクレンの生乳共販に与えた経済効果について解明する。

第2節　ホクレンによる生乳取引の特徴

1．ホクレンによる生乳共販事業の概要

　ホクレンの受託乳量は371万t（2007年度）で，全国生乳出荷量の47％を占めるわが国最大の生乳生産者団体である。道内の受託シェアは98％に達し，道内の生乳流通をほぼ独占している。2007年度の生乳販売額は2,528億円，生乳受託戸数は7,321戸である。生乳販売額はホクレン総取扱高（販売および購買の合計）の18％を占め，単独品目としては最大となっている[1]。

　生乳共販の目的は，酪農家から受託した生乳の有利販売と全量完全販売である。それに則って，まず初めに，ホクレンは酪農家手取り乳価であるプール乳価の次年度水準について，生乳生産費や生乳需給全体の動向をもとに上げ幅あるいは下げ幅，または据え置きを決定する（例年12月頃）。そして，この目標となる次年度プール乳価を実現するべく，各乳業資本と交渉して用途別配乳量と用途別乳価を決めてゆく（例年1月に交渉開始）。ホクレンと各乳業資本は一対一の交渉で次年度の用途別配乳量，用途別乳価を決定し契約を取り交わす。この契約は通常1年ごとに更新される。乳価交渉はたいてい年度を跨いでおこなわれ，例年6～8月前後で妥結する[2]。

　ホクレンは乳業資本との生乳取引において用途別乳価方式を採用している。2007年度現在で，ホクレンの販売用途数は大まかな区分で8用途である。本章で用いる用途区分は，加工原料乳（バター・脱脂粉乳など「指定乳製品等」向け），チーズ原料乳（ナチュラルチーズ向け），道内

---

[1] 以上はホクレン酪農部資料，「牛乳乳製品統計」，ホクレンホームページ（http://www.~hokuren.or.jp/guide/item.html, 2008年12月29日アクセス）より。
[2] 2008年度は生乳生産費上昇を受けて約30年ぶりに期中に乳価が改訂された。

飲用乳向け（北海道内で消費される牛乳向け），道外飲用乳向け（北海道外で消費される牛乳向けで乳業資本が移出する），道外移出生乳(北海道外で消費される牛乳向けでホクレンが生乳を移出する)，学校給食向け（学校給食用の牛乳向け），発酵乳等向け(ヨーグルト・乳酸菌飲料向け)，生クリーム等向け（クリーム・脱脂濃縮乳・濃縮乳向け），その他向け（上記8用途以外）の計9用途とする。用途ごとに価格が異なり，最も高い道内飲用乳向けと最も安いチーズ原料乳（ハード系）とでは50円以上の価格差がある（第4章の表4−1を参照）。

2．乳価形成の特徴

　ホクレンの場合，同一用途であれば年間を通じて同一の価格で販売される。また同一の用途であれば全ての乳業資本に対し同一の価格で販売されている[3]。よって用途別乳価はその用途を大量に扱う乳業資本との交渉で事実上決まり，少量しか扱わない乳業資本はその価格を受容するしかない。加工原料乳であれば，加工原料乳の9割を受け入れる雪印乳業・よつ葉乳業・明治乳業・森永乳業の大手乳業資本4社との交渉で実質的に決定されていると考えられる。

　基本的に用途別乳価は前年度乳価をベースにして，それぞれの牛乳乳製品の小売価格および在庫量をはじめとする需給動向により，前年度プラス・マイナス・据え置きを交渉で決める。いずれの用途にも慣習的に形成されてきた大まかな判断基準はあるものの，厳密な客観的根拠にもとづく乳価算定式のようなものは存在しない。用途別乳価の設定に関するホクレンの考え方を表5−1に記載した。基本的に用途別乳価は独立した別個の基準によって各々設定されるが，用途別乳価の間に一定の関係性がみられる。これは，生クリーム等向けおよび発酵乳等向けは加工原料乳との置き換えが意識されているためである。

　乳業資本から支払われた生乳販売代金はホクレンでプールされ，国か

---

[3] 都府県では夏と冬で乳価が異なる季節乳価制を導入している生乳生産者団体が多い。また同一用途であっても，乳業資本によって取引乳価に差があるのが一般的である。

表5-1 ホクレンの価格設定の考え方

用途		ホクレンによる表現	備考
チーズ原料乳	ハード系	輸入価格等を踏まえ設定	輸入チーズ価格との連動性があり，価格水準は国産ナチュラルチーズが価格競争力を有する水準に設定
	ソフト系	輸入価格等を踏まえ設定	
道外飲用乳向け		着地飲用乳価水準から輸送費相当額をマイナス	乳業資本が牛乳移出に要するコスト分をホクレンが負担
道外移出生乳		着地飲用乳価水準をふまえ設定	北海道の生乳が移出先に到着時点で，現地の飲用乳向け乳価と同一価格水準になるように設定
学校給食向け		加工原料乳向け，飲用乳向け価格等を勘案し設定	
発酵乳等向け		バター，脱脂粉乳から置換可能な価格水準により設定	
生クリーム等向け		既存市場拡大とバター，脱脂粉乳からの置換の促進を踏まえ設定	クリームはバターから，脱脂濃縮乳は脱脂粉乳からの置き換えを誘発する価格水準に設定

資料：ホクレン「指定団体情報」，ホクレン酪農部聞き取り調査より作成。
注：「価格設定の考え方」はホクレン自身の表現（「指定団体情報」第105号）をもとに掲載した。

らの補給金・補助金等[4]を加算し，共販経費等を差し引いた額がプール乳価（酪農家手取り乳価）となる。2007年度の実績より受託乳量1kgあたり単価で表示すると，乳業資本からの受取額である用途別乳価加重平均71.48円/kg，国からの補給金・補助金等7.43円/kg，共販経費等4.66円/kgであり，プール乳価は74.66円/kgとなる[5]。つまりプール乳価は用途別乳価加重平均を基本として決まるため，用途別乳価だけではなく用途別比率もプール乳価水準を左右する要素となる。

第3節 生乳需要の変化と用途別販売量

1．生乳需要の変化と加工原料乳限度数量

1990年代以降における生乳需要の変化は，主として以下の2点である。

第1に，飲用乳向け原料乳の需要減少である。わが国の1人あたり牛乳年間消費量は1990年代半ばの33〜35ℓをピークに減少に転じ，2007年度には約30ℓとなった[6]。飲用乳向け原料乳の8割超は牛乳向けであるから

---
[4] 加工原料乳補給金と後述する特定の用途向け補助金などからなる。
[5] 1kgあたり単価は実際の乳成分率を反映した実勢値。「指定団体情報」第117号，2008年8月より。
[6]「家計調査年報」より1人あたり消費量を求めた。

牛乳消費の減少により，飲用乳向け原料乳需要は牛乳消費量と同様のカーブで減少し，1995年度から2007年度現在までに実に75万tも減少した[7]。この量は国内生乳生産量のおよそ1割に匹敵する。

第2に，加工原料乳需要の停滞・減少である。1990年代中葉以降，バター生産量は横ばい，脱脂粉乳生産量は減少傾向にある。これは国内のバター需要量が停滞し，そして脱脂粉乳需要量が減少したためと思われる[8]。特に脱脂粉乳は2000年の食中毒事件により加工乳用途が激減し，国内需要量が3～5万t（1～2割）も減少した。ところが，乳製品向け原料乳需要は90年代半ば以降も330～350万t水準をおおむね維持している[9]。これは後にみるように加工原料乳以外の原料乳需要が増加したからである。

ホクレンにとっては後者がより重要な意味をもつ。ホクレンの用途別販売量のうち加工原料乳が占める比率は1980年代までは8割，1990年代前半の段階でも6割と高く[10]，加工原料乳価がプール乳価を大きく規定してきた。ところで，1966年度から加工原料乳生産者補給金等暫定措置法により加工原料乳を対象として，酪農家に指定団体を通じて補給金が交付されている。この補給金の交付は数量無制限になされるのではなく，毎年度設定される限度数量が上限数量とされた。補給金交付の対象とならない加工原料乳が発生するとプール乳価がそのぶん下落する[11]ため，指定団体にとって加工原料乳販売数量は限度数量の範囲内に実質的に制限されることになる。この限度数量は1980年代までほぼ生乳生産量と比例して上積みされてきたが，1980年代半ばには頭打ちとなり，1990年代半ば以降は緩やかに削減されてきた（第2章の図2－6を参照）。限度数量削減の理由は乳製品在庫量の高水準での継続的推移[12]，脱脂粉乳需要そのもの

---

7) 「牛乳乳製品統計」より。
8) 農林水産省牛乳乳製品課資料より。
9) 「牛乳乳製品統計」より。
10) ホクレン酪農部資料より。
11) 加工原料乳1kgあたり補給金単価は1980年代初めには約25円であり，1990年代以降は概ね10～11円程度で推移している。
12) バター・脱脂粉乳の適正在庫量は月間需要量換算でそれぞれ2.5カ月，2カ月とされる（日本酪農乳業協会（j－milk）資料「乳製品の適正在庫水準について」，2002年12月より）。1990年代半ば以降は，バター3.5～5カ月，脱脂粉乳3～6カ月と高水準で推移した。

第5章　原料乳市場構造の変化を規定する生乳生産者団体の市場行動

の減少などである。この事態は生乳生産者団体が何も対応をとらなかった場合には限度数量によって生乳販売量が制約されうることを意味するが，実際にはホクレンは加工原料乳以外の用途（＝「優先用途」）仕向け量増加によって限度数量の制約を打開してきた。

2．用途別販売量の推移

図5－1はホクレンの用途別販売量の推移である。この間，ホクレンの生乳販売量は短期間の停滞期をはさみながら一貫して増加してきた。用途別にみると，道外移出生乳と生クリーム等向けが著しく増加している。道外移出生乳は当初4～7万t程度だったが，1980年代半ば以降急増して2002年度には50万tを超えた。ただし最近では牛乳消費減少を受けて減少に転じ，2007年度では35万tとなった[13]。生クリーム等向けは1995年度前後から顕著に増加し，2007年度には2倍以上の91万tに達した。その増加程度はめざましく，近年の生乳販売量増加の大部分は生クリーム等

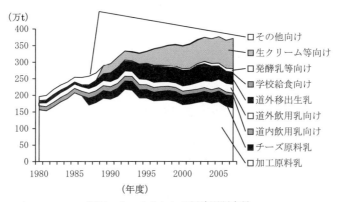

図5－1　ホクレンの用途別販売量

資料：ホクレン酪農部資料より作成。
注：1）チーズ原料乳は1987年度に加工原料乳から分離。
　　2）生クリーム等向け，発酵乳等向けは1989年度に新設。以前は「その他向け」。

---

[13] 道外移出生乳の減少率は，都府県の飲用乳向け原料乳の減少率より明らかに大きい（「牛乳乳製品統計」より）。この点からも，北海道からの生乳移出が飲用乳向け原料乳の需給調整弁としての役割をもつことを確認できる。なお道外移出生乳は都府県の飲用乳向け原料乳価格と同水準の価格設定がなされているため，道外移出生乳の価格優位性はない（表5－1参照）。

向けが占めると言っても過言ではない。一方，販売量の多くを占める加工原料乳は1990年代前半をピークに減少を続けている。道内・道外飲用乳向けは牛乳消費減少により1990年代半ばから緩やかに減少したが，道外は近年再び増加する傾向にある。チーズ原料乳と発酵乳等向けは期間を通じて増加を続けている。

既述の限度数量による制約との関係でみれば，生乳販売量と加工原料乳（≒限度数量）との差は1990年代半ば以降年々拡大しているが，その差分を生クリーム等向けなど「優先用途」が増加して埋め合わせている。ここ数年間では道外移出生乳が急減したものの，他の「優先用途」仕向け量が増大して結果的にその減少量を上回り，「優先用途」全体としては増加している。

第4節　ホクレンの生乳販売戦略

1．「優先用途」の販売促進策

「優先用途」の増加は単に牛乳乳製品の最終需要を反映しただけではなく，同時にホクレンによる販売促進策を通じて積極的に実現されたと言える。その特徴は以下の3点である。

第1に，需要増が見込まれる用途の原料乳需要を実際に増加させるため，用途別乳価の引き下げが実施された。チーズ原料乳は輸入チーズとの置き換え可能水準へ（1987年度～），生クリーム等向けは加工原料乳との置き換え可能水準へ（1993年度～），それぞれ乳価が引き下げられた。これによる酪農家の負担増加を軽減するため，国はチーズ原料乳には1987年度から，生クリーム等向けには1995年度から，基準年からの販売数量増加分を対象として補助金を交付している。2007年度におけるチーズ原料乳・生クリーム等向け・発酵乳等向けの補助金交付額は3用途合計で60億円にのぼる（ホクレンへの交付額のみ）[14]。特に生クリーム等向けに関する一連の対策は「生クリーム対策」と呼ばれている（詳細は後述）。

---

[14] ホクレン「指定団体情報」第117号，2008年8月より。

第2として，生乳および牛乳乳製品の道外移出手段の拡充で，1993年度の生乳輸送専用船「ほくれん丸」就航が代表的である[15]。それによって関東など大消費地への生乳，ならびにクリーム・脱脂濃縮乳など液状乳製品の大ロット輸送が可能になった。特にクリーム・脱脂濃縮乳は輸送手段の確保とチルド輸送体系の整備によって，これらを製造する乳業工場の北海道集中が進んだ[16]。

　第3に，乳業資本への「優先用途」必要量配乳である。ホクレンは「優先用途」の必要量配乳を乳業資本に保証している。必要量配乳によって乳業資本は季節的（牛乳の場合），中長期的（チーズ，クリームの場合）な需要変動に柔軟に対応した原料乳調達が可能となる。

2．生クリーム対策の実施

　ここではホクレンの生乳共販戦略のうち，特に重要な生クリーム対策について述べる[17]。1990年代半ばから指定団体・乳業資本・国の3者によって実施された液状乳製品増産奨励策は，一般に生クリーム対策（ないし液状化対策）と呼ばれる。液状乳製品は乳脂肪分のクリーム，無脂乳固形分の脱脂濃縮乳，生乳を濃縮した濃縮乳からなる。このうちクリーム・脱脂濃縮乳の2品目で液状乳製品の大部分を占める。クリームはバターの，脱脂濃縮乳は脱脂粉乳の中間製造物であり，それぞれが代替性をもつ。この代替性に注目して考案されたのが生クリーム対策である。

　生クリーム対策の直接的な経緯は，1992～1993年度に生じた大幅な生乳需給の緩和である。1990年代に入って牛乳消費量が停滞し，生乳需給は徐々に緩和傾向を示し始めていた。そういった状況下の1993年に天候不順によって牛乳消費量が減少すると，需給緩和傾向に一層の拍車がかかった。特に1993年度にはバター在庫量が5万t[18]を超え，1970年代末に匹敵

---

[15] 1997年度には「ほくれん丸」同型2号船が就航し，生乳の毎日輸送が可能となった。ホクレン編〔1998〕p.286を参照。
[16] ホクレン編〔1998〕p.288を参照。
[17] ホクレン酪農部聞き取り調査，中央酪農会議聞き取り調査より。
[18] およそ7カ月分の国内需要量に相当する。

する過去最高水準にまで増加した。この事態を放置すれば，乳製品価格の下落，そして加工原料乳価の下落が懸念された。ホクレンは結局2年連続の減産型計画生産を強いられたが，計画減産以外の需給緩和対応策として生クリーム対策が考案された。生クリーム対策の基本的な考え方は，乳業資本がバターの代わりにクリームを，脱脂粉乳の代わりに脱脂濃縮乳を利用できるようになる価格水準にまで生クリーム等向け乳価を引き下げるというものであった[19]。生クリーム対策に期待された効果は以下の2つである。1つは加工原料乳を生クリーム等向けに代替することで，市場全体としては在庫圧力を軽減する。いま1つは輸入乳製品との代替性が小さい液状乳製品を増加させることによって，国内酪農乳業の国際競争力を高めるという国際化対応としての効果であった[20]。

　生クリーム対策は1993年度にホクレン単独のバター過剰在庫対策事業として開始され，1995年度には国の事業に格上げとなり，乳価引き下げ分を補填するためホクレンに国から補助金が交付された。基準数量を超過した数量を対象に10〜12円/kgの補助金を交付する仕組みで，2008年度現在まで同様の政策が継続して実施されている。生クリーム対策はバター過剰在庫に対応する緊急避難的措置として開始されたが，安定した原料乳需要の増加が期待できるとして恒常的対策として現在まで続けられたのである。

第5節　ホクレンの市場行動の経済効果

1．用途別乳価加重平均のケース別計測

　ここで仮にホクレンが既述の対応策をとらなかった場合には，実際の場合と比較してどれだけ生乳販売額が変化するかを計測する。ホクレンの対応策は多くの用途の販売量に影響を与えたと思われるが，議論を単

---

[19] 生クリーム対策以前の生クリーム等向け乳価は代替するには割高であった（矢坂〔2000〕p.45参照）。加工原料乳と生クリーム等向けとの乳価の差は，1992年度で13円程度であったが，1997年度には10円程度に縮小した（いずれも生クリーム等向けの方が高い。ホクレン酪農部聞き取り調査より）。

[20] 前田〔1995b〕pp.67-68より。

純化するために1990年代以降に大きく販売量が増加した2用途，つまり道外移出生乳および生クリーム等向け販売量のみに影響を与えたと仮定する。

想定するケース内容を表5－2に示した。具体的には2つの条件を想定する。第1は生乳移出用フェリー「ほくれん丸」が導入されなかった場合で，1994年度から道外移出生乳販売量が変化するものとする。第2は生クリーム対策が実施されなかった場合で，1995年度から生クリーム等向け販売量が変化するものとする。図5－2はこの想定条件下での道外移出生乳および生クリーム等向け販売量の推移である。当然にも想定条件では実際より販売量が減少する。計測根拠として，道外移出生乳は「ほくれん丸」の本格運用が開始された1994年度に前年度と比して約14万t増加したこと，および1993年度からの10年間で「ほくれん丸」による輸送実績が約140万tあること[21]から，「ほくれん丸」による年間生乳移出

表5－2　想定ケース内容

共通する想定条件		
《用途別販売量》		
道外移出生乳	1994年度から「ほくれん丸」による年間生乳移出量相当分14万tをマイナス	
生クリーム等向け	1989～1994年度の5年間における年平均変化量＋13,661tにて1995年度から推移	
上記2用途以外	実際と同じ	
《用途別乳価》		
生クリーム等向け	加工原料乳価＋加工原料乳補給金	
上記1用途以外	実際と同じ	
個別の想定条件		
	「輸入置き換え」ケース	「生産調整」ケース
販売量合計	実測値と同じ	道外移出生乳と生クリーム等向けの減少分だけ減少
道外移出生乳・生クリーム等向け減少分の処理方法	輸入乳製品と置き換え可能な価格水準で販売	生乳生産量を削減
輸入置き換え向け乳価	2006年度の輸入置き換え向け乳価45円/kgを基準に，輸入ココア調製品（無糖）CIF価格と同等の変化率で推移したと仮定	—

資料：筆者作成。

---

[21] 川崎近海汽船株式会社ホームページ（http://www.kawakin.co.jp/news/26.html，2008年12月29日アクセス）より。

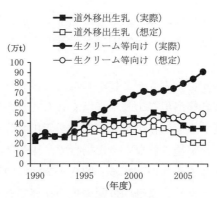

図5-2　想定条件下での販売量の推移
資料：ホクレン酪農部資料より筆者計測。

量を14万tとした[22]。よって，実際の値から14万tマイナスした数値が予測販売量となる。次に生クリーム等向けに関しては，ホクレン酪農部の聞き取り調査から生クリーム対策の実質的影響は1995年度から生じたものとした上で，生クリーム対策が実施されなかった場合には1989～1994年度の5年間の趨勢を保ったままで販売量が推移するとした。1989～1994年度の5年間における年平均変化量を求めると，＋1万3,661tとなり，生クリーム等向け販売量は年に同量ずつ増加するものとした。

ところで図5-2のように想定条件下ではこれら2用途の販売量が減少するため，販売できない生乳＝余乳が発生する。ホクレンの余乳対応策には以下の2つが考えられる。第1に大量に輸入されている輸入乳製品（チーズを除く）と置き換え可能な安価な乳製品を供給するために新たに低乳価用途を設定し，余乳をこの用途に仕向けることである[23]。もちろん余乳を加工原料乳として販売することもできるが，その場合には加

---

[22] 10年間140万tは3年間1隻・7年間2隻体制の数値である。よって年間14万tはやや過小評価の可能性があるが，2隻体制に移行しても大きく道外移出生乳が増加していないためこの数値を採用した。
[23] 大量の余乳発生が予測される場合に，輸入乳製品（例えば調製粉乳，飼料用粉乳など）と置き換え可能な低乳価の別用途を臨時に設定し，加工原料乳価への影響を最小限にとどめる対処策はこれまで幾度も実施されてきた。よって想定される対応策として現実性はあると考える。ただし輸入置き換えは実際には2～3年の短期的実施がほとんどで，その点で生乳共販にとって最終手段としての位置づけと思われる。なお，この方法は輸入乳製品から低価格の国産乳製品へ使用を切り替える需要者（多くの場合は大手乳業資本）の協力が不可欠となる。

工原料乳価をさらに引き下げざるを得ず，プール乳価への影響が大きくなる。輸入置き換え用途の設定は，部分的に加工原料乳価を引き下げる方策と言える。この対応を「輸入置き換え」ケースとする。第2としては余乳発生をあらかじめ予期して生乳生産調整を実施することである。この対応を「生産調整」ケースとする。よって販売量合計をみると「輸入置き換え」は実際の値と同じだが，「生産調整」は余乳分だけ少なくなる。

つづいて計測に使用する用途別乳価を図5－3に提示した（筆者による予測値を含む）[24]。加工原料乳価を1とした各用途別乳価の相対価格表示である[25]。加工原料乳との相対価格の推移をみると，道外移出生乳がほぼ変化なし，生クリーム等向けがやや低下した以外は全ての用途で上昇している。つまり，これら3用途の価格低下率が最も大きい水準にあると分かる。1990年度と2007年度を比較すると，加工原料乳で12％，道外移出生乳で14％，生クリーム等向けで14％ほど乳価が下落した[26]。意図的に

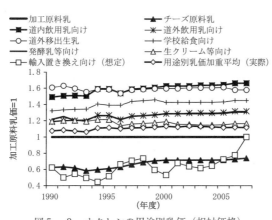

図5－3　ホクレンの用途別乳価（相対価格）
資料：ホクレン酪農部資料より作成。
注：「輸入置き換え向け」は筆者の想定条件下での架空用途。

---

24) 第4章の表4－2を参照。また，その他向けは2000年度以降概ね発酵乳等向けと同一の乳価が設定されているため，発酵乳等向けと同等とした。
25) 本来は実数表記とすべきだが，データの性格上このような表示方法とした。
26) ホクレン酪農部資料より。

乳価が引き下げられた生クリーム等向けを除けば，これらは加工原料乳および都府県での飲用乳向け原料乳の需給緩和傾向を反映したものと言えよう。なお，想定条件下での生クリーム等向け乳価（1995年度以降）は生クリーム対策による乳価引き下げ効果を除外するため，それ以前の価格水準である加工原料乳価プラス加工原料乳補給金単価（＝2000年度以前の「保証価格」）とした[27]。輸入置き換え向け乳価は2006年度に実施された同様の対策の乳価が約45円/kgであった[28]ことから，2006年度の同乳価を45円とし，それ以外の年度は「ココア調製品（無糖）」CIF価格（財務省「貿易統計」）と同一の変化率をとって推移すると仮定した[29]。

表5－3は計測結果である。用途別乳価加重平均と生乳販売量との積が生乳販売額となる。なお表5－3で計測結果として提示した2007年度の用途別乳価加重平均値と，第2節で示した実際の用途別乳価加重平均値は6円程度の差額がある。これは計測に用いた乳価が標準成分値換算[30]の数値のため，実際は標準成分値を超える生乳が多く，スライド加算分で6円程度上乗せされている。よって本章で計測した「生乳販売額」

表5－3　計測結果

	1990年度 実際	2007年度 実際	2007年度「輸入置き換え」	2007年度「生産調整」
用途別販売量（万t）				
販売量合計	295.1	371.1	371.1	315.6
道外移出生乳	22.4	35.0	21.0	21.0
生クリーム等向け	27.5	91.1	49.6	49.6
輸入置き換え向け	－	－	55.5	－
生産調整量	－	－	－	55.5
用途別乳価加重平均（円/kg）	70.95	64.70	62.50	63.30
1990年度実際との差（％）	－	▲8.8	▲11.9	▲10.8
生乳販売額（億円）	2,094	2,401	2,319	1,998
1990～2007年度累積額		42,330	40,300	38,128
累積額実際との差	－		▲1,931	▲4,102

資料：筆者計測結果より作成。

---

27) 中央酪農会議からの聞き取り調査による。
28) ホクレン「指定団体情報」第95号，2006年8月によると，2006年度の「輸入調製品向」47.74円/kg，「飼料向」44.54円/kgである。これに聞き取り調査を加味して45円/kgとした。
29) なお2007年度の輸入置き換え向け乳価は加工原料乳価を上回ったので，対策の主旨を鑑みて同乳価は加工原料乳価と同一とした。
30) 第4章の表4－1の注を参照。

は実際の生乳販売額より少なくなるが，販売額の変化をみる限りにおいては妥当性をもつと判断した。

用途別乳価加重平均は実際および想定2ケース全てで下落しているが，実際が最も下落幅が小さく−8.8%，次に「生産調整」ケースの−10.8%，そして「輸入置き換え」ケースが最も大きく−11.9%となった。乳価下落が実際より大きくなった要因は，「輸入置き換え」ケースでは輸入置き換え向けが実際には仕向けられるはずだった道外移出生乳および生クリーム等向けより乳価が低い，そして「生産調整」ケースでは加工原料乳より乳価の高い道外移出生乳および生クリーム等向けの用途別比率が実際ほど上昇しなかった点にある。2007年度の生乳販売額は実際2,401億円，「輸入置き換え」ケース2,319億円，「生産調整」ケース1,998億円で，実際が最も大きい。「生産調整」ケースは1990年度と比較すると生乳販売額が減少した。1990〜2007年度までの生乳販売累積額をみると実際の4兆2,330億円に対して，「輸入置き換え」ケースが4兆300億円，「生産調整」ケースが3兆8,128億円となり，それぞれ1,931億円，4,102億円ほど少ないという結果が得られた。つまり本章で想定した2つのケースとの比較では，実際の対応策をとった場合に生乳販売額が最大となった。

2．ホクレンによる用途別取引の経済効果

図5−4は1990年度，図5−5は2007年度の実際および「輸入置き換え」ケースの用途別乳価加重平均である。横幅が用途別販売量，縦の長さが用途別乳価，そして横線が用途別乳価加重平均を示す。用途別乳価の高い用途順に左から並べた。用途別販売量合計（破線）と用途別乳価加重平均の横線から構成される長方形の面積が生乳販売額を表す。

1990年度から2007年度実際への変化は，加工原料乳より乳価の高い中価格帯用途であった生クリーム等向けの乳価引き下げ率を大きくして，生クリーム等向けを加工原料乳と代替させながら増加させたことが特徴として指摘できる。一方，「輸入置き換え」ケースでも実際と等しく販売量を増加させたが，増加した輸入置き換え用途は加工原料乳以下の価格水

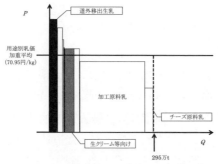

図5－4　1990年度の用途別乳価加重平均

資料：ホクレン酪農部資料より作成。
注：乳価の高い用途順に左から並べた。

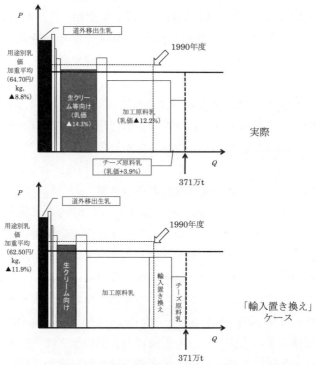

図5－5　2007年度の実際および「輸入置き換え」ケースの用途別乳価加重平均

資料：筆者計測結果より作成。
注：1）1990年度と用途の並び順は同じ。
　　2）乳価変化率は1990年度比較。

準であった（2007年度のみ同一の価格水準）ため，用途別乳価加重平均の下落率が実際より大きくなった。その結果として，実際および「輸入置き換え」ケースともに1990年度より生乳販売額は増加するも，実際の方がより生乳販売額が多くなったのである。

図5－6に「生産農業所得統計」から北海道および都府県の生乳出荷額の推移を示した[31]。1980年代では生乳販売量は増加したものの乳価下落率が大きかったため，販売額は停滞した。それに対して，1990年代以降では生乳販売量の増加はやや緩やかとなったが乳価下落率が小さかったために，販売額は増加傾向を概ね維持したと言える。

乳価下落および販売量増加といった形態での原料乳市場の発展が，ホクレン組合員である個別の酪農家にとってどういった意味をもつのか最後に簡単に触れておく。生乳販売額の最大化は酪農家に対する支払額の最大化を含意するが[32]，乳価および販売量に着目すると以下の2点を指摘できる。

第1に，用途別乳価加重平均の下落率が小さくなったことで，酪農家手取り乳価（プール乳価）の下落も最小限に抑制されたと思われる。よっ

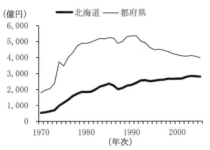

図5－6　北海道と都府県の生乳出荷額の推移
資料：「生産農業所得統計」より作成。

---

31) すでに指摘した標準成分値換算の理由によって，「生産農業所得統計」の生乳出荷額と本章で求めた生乳販売額の数値には乖離がある。これら2数値の1990～2005年度の相関係数は0.97である。
32) ホクレン「指定団体情報」第117号，2008年8月によれば，2007年度には道外移出生乳1kgあたり約21円の輸送経費を要している。これから14年間毎年度14万tの生乳を移出する費用を求めると約412億円となる。よって実際には想定ケースより共販経費が412億円ほど増加するが，これでも実際の方が組合員への支払可能総額は大きい。

て想定ケースの場合と比して，酪農家戸数の減少が少なくなったと予想される。

第2に販売量の推移である。表5－3のように「生産調整」ケースでは，1990～2007年度までに20万t程度しか販売量が増加していない（実際は76万t増）。これは，特に規模拡大意欲をもつ酪農家[33]が，計画生産の生乳生産枠を希望数量確保することを実際より困難にしたのではないかと考えられる。1980年代以降，ホクレンの生乳共販担当者が意識していたのは，酪農家の投資を後押しするための「過剰でも減産しない」[34]仕組みづくり（生乳販売量の継続的増加）であったことを考えると，重要な点であったと言えよう。

第6節　小括

1990年代以降の北海道における原料乳市場構造は，中心用途である加工原料乳の減少，生クリーム等向けをはじめとした「優先用途」の増加という用途構成の変化を特徴とする。その市場構造の変化は，北海道指定団体ホクレンの以下の市場行動にもとづいていた。

近年のホクレンの生乳共販戦略は，端的には生クリーム等向けの販売促進と表現できる。ホクレンは生乳需給の緩和に対応して，加工原料乳供給量を調整（限度数量内へ抑制）して加工原料乳価の下落を抑制した。それに伴って発生する余乳を輸入乳製品との置き換え用途より単価の高い生クリーム等向けや道外移出生乳などへ販売促進策を通じて仕向けることで，大規模かつ恒常的な計画減産を回避し生乳販売量を継続して拡大させた。特に液状乳製品という新たな需要に注目し，既存のバターおよび脱脂粉乳から液状乳製品への代替需要を誘発する乳価水準で原料乳を供給した点が重要である。この結果として乳価下落を緩やかにしつつ生乳販売量を拡大したことで，生乳販売額の継続的増加を可能にした。

---

[33] 1990～2007年度にかけて北海道の1戸あたり乳用牛飼養頭数はおよそ60頭から100頭に増加した（「畜産統計」より）。
[34] 「特集　検証！北海道の生乳計画生産」『デーリィマン』2008年11月号，p.67より。

乳価下落によって生乳販売額が停滞した1980年代とは異なり，北海道の原料乳市場は1990年代以降再び拡張する段階となったのである。こういった市場行動の結果は乳価下落の最小化および生乳販売量の持続的増加といった点で，ホクレン組合員である酪農家にも一定のメリットを与えたと評価できる。

　残された課題として，以上のようなホクレンの市場行動が生乳購買者の乳業資本にとってどういう意味をもつかという点がある。生クリーム等向け原料乳需要の増加は加工原料乳からの代替需要の増加を含意しており，乳業資本の製品戦略および原料乳調達戦略の変化を示唆するからである。よって，ホクレンの市場行動と乳業資本の市場行動との関連性が検討されねばならない。

第6章　原料乳市場構造の変化を規定する大手乳業資本の市場行動
——大手乳業資本3社の事例を中心に——

第6章　原料乳市場構造の変化を規定する大手乳業資本の市場行動
　——大手乳業資本3社の事例を中心に——

第1節　本章の課題

　1990年代以降，北海道の原料乳市場は大きく変容した。乳価は下落しつつも取引量は増加し，原料乳取引高は明確な拡大に転じた。そして原料乳用途構成の変化，特に生クリーム等向けの増加が乳業資本の活発な参入を伴いつつ生じた。この市場構造の変化は，乳業資本の原料乳調達戦略のいかなる方向性での変化を反映した結果なのであろうか。矢坂〔2000〕は生クリーム等向け取引が増加した条件を検討した上で，各社によって生クリーム等向け取引の取り組み傾向に差異があることを示唆した。しかし，その差異がいかなる要因によるものかは論じられていない。梅田〔2007〕は雪印乳業を事例として1960～1990年代までの原料乳調達戦略の変遷を分析した。だが，原料乳市場構造との相互作用関係，ならびに原料乳調達をめぐる他の乳業資本との競争関係はあまり考慮されていない。

　本章の課題は，原料乳市場構造の変化を規定する大手乳業資本の市場行動を明らかにすることである。まず乳業の市場構造を検討し，大手乳業資本3社の製品戦略の特徴，それに対応した生産設備投資の状況を把握する。そして1990年代以降に明瞭になった原料乳調達戦略の3社間での差異について，原料乳市場構造との相互作用関係を踏まえながら論じる。

第2節　乳業の産業組織

1．乳業の市場構造

　乳業の市場構造を示したのが表6－1である。各品目の販売高・出荷高，生産量の伸び（1990年度＝100），消費者物価指数（CPI），卸売物価指数（WPI）[1]，上位3社販売集中度（CR3）を示した。

---
[1] 卸売物価指数は2000年に企業物価指数へと統計上の名称が変更されたが，本章では卸売物価指数に名称を統一している。

第6章　原料乳市場構造の変化を規定する大手乳業資本の市場行動

表6-1　乳業の市場構造

	年度	販売高・出荷高 (億円)	生産量の伸び (1990=100)	CPI (1990=100)	WPI (1990=100)	CR3 (販売集中度)
牛乳等合計	1990	―	―	―	―	―
	1998	12,676	―	―	―	―
	2006	11,670	―	―	―	―
牛乳	1990	6,015	100	100	100	―
	1998	5,993	94	100	106	53(量,注4)
	2006	5,520	87	98	105	46(量,注4)
加工乳	1990	―	100	―	―	―
	1998	1,225	115	―	―	―
	2006	670	65	―	―	―
発酵乳	1990	1,197	100	100	100	―
	1998	2,891	210	91	115	54(額)
	2006	2,900	274	81	102	65(額)
乳飲料	1990	1,136	100	―	100	―
	1998	1,787	147	―	107	―
	2006	1,850	153	―	110	―
乳酸菌飲料	1990	767	100	100	100	―
	1998	780	89	115	114	75(量)
	2006	730	83	101	109	48(量)
乳製品合計	1990	―	―	―	―	―
	1998	9,456	―	―	―	―
	2006	8,910	―	―	―	―
バター	1990	895	100	100	100	―
	1998	801	117	99	96	75(量)
	2006	749	106	96	98	75(量)
粉乳(注4)	1990	2,275	100	―	100	―
	1998	2,106	113	―	103	72(量)
	2006	1,720	101	―	99	80(量)
チーズ	1990	1,116	100	100	100	―
	1998	1,726	151	103	108	47(量)
	2006	1,460	152	97	108	43(量)
クリーム	1990	868	100	―	100	―
	1998	1,152	164	―	109	―
	2006	1,423	222	―	96	―
アイスクリーム	1990	―	100	100	100	―
	1998	3,671	73	98	102	41(額)
	2006	3,558	89	94	102	39(額)

資料：日刊経済通信社調査出版部『酒類食品産業の生産・販売シェア：需給の動向と価格動向』，「消費者物価指数」，日本銀行「物価指数季報」，「工業統計」，「牛乳乳製品統計」(生産量)より作成．
注：1)「―」はデータが不明．
　　2) 飲用牛乳等は販売高，乳製品は出荷高．
　　3) 牛乳のCPIは店頭売り，乳酸菌飲料は「乳酸菌飲料A」の値．
　　4) 牛乳のCR3は牛乳，加工乳，乳飲料の合計．
　　5) 粉乳の出荷高は「練乳・粉乳・脱脂粉乳」の合計．
　　6) 粉乳，クリームは小売販売量が少ないためCPIは省略．
　　7) 牛乳，発酵乳，乳飲料，乳酸菌飲料の1990年度販売高は生産量とWPIから推計した数値．

牛乳乳製品の市場規模(牛乳等と乳製品の合計)は1998年度の2兆2,132億円から06年度の2兆580億円へ，1,552億円減少(7％減少)した。内訳は牛乳等が1,006億円減少(8％減少)，乳製品が546億円減少(6％減少)であり，牛乳等の減少が大きい。牛乳等では牛乳および加工乳が減少，発酵乳および乳飲料が増加，乳酸菌飲料が横ばいである。乳製品ではバターおよび粉乳が減少，チーズおよびクリームが増加，アイスクリームは横ばいとなった。その結果，2006年度でも依然として牛乳が牛乳乳製品市場の27％を占める最大品目だが，発酵乳，乳飲料，チーズ，そしてクリームといった品目の比重が増してきている。

次に生産量の伸びだが，品目間で明瞭な違いが生じている。まず生産量が1.5〜2倍に増加した品目は発酵乳，乳飲料，チーズ，クリームである。生産量が1〜2割程度減少した品目は牛乳，加工乳，乳酸菌飲料，アイスクリーム，そしてほぼ横ばいのバター，粉乳である。1990年代以降の乳業資本の製品戦略は，発酵乳，乳飲料，チーズ，そしてクリームへの生産・販売のシフトであったことが示唆される。

CPIは発酵乳を除き大きな変化は見られず，おおむね横ばいと言える。WPIはほとんどの品目で1990年代半ばにかけて上昇し，それ以後は横ばいである。この傾向は加工食品のWPI平均と同様の傾向で[2]，実質化するとプラスマイナス5〜10％の幅に全ての品目が入る。

CR3はバターおよび粉乳で高く，他の品目は40〜50％程度である。CR3は期間内ではほぼ変化がないと言えるが，乳酸菌飲料のみが低下した。これは生産量上位であった乳業資本が生産を縮小したためである。

以上をまとめると，1990年代以降では発酵乳，乳飲料，チーズ，クリームで活発な生産・販売活動が認められた。その中でもCR3はさほど変化しておらず，多くの乳業資本が同様の企業行動をとっていると思われる。それ以外の品目は停滞ないし衰退傾向にあり，牛乳乳製品市場全体としては縮小する傾向にある。

---

[2] 日本銀行「物価指数季報」の「調製食品」と比較した。

2．大手乳業資本の生産・販売シェア

表6－2は，雪印・森永・明治の大手乳業資本3社の生産・販売シェアの推移である。雪印は2002年度に市乳部門が別会社「日本ミルクコミュニティ」へと分離されたので，2006年度の牛乳等の記載がない。これによると，おおむねどの品目でも大手3社で4～6割のシェアを有している。森永が販売を縮小した乳酸菌飲料を除き，大手3社合計のシェアにほとんど変動はない。ただし，その内訳は雪印が低下して，森永および明治が上昇した品目が多い。

表6－2　大手乳業資本の生産・販売シェア

単位：％

年度	飲用牛乳類（販売）				発酵乳（販売）			
	1995		2006		1995		2006	
雪印乳業	19.1	1位	―		14.5	3位	―	
森永乳業	12.6	3位	15.6	2位	13.6	4位	18.2	2位
明治乳業	16.7	2位	19.5	1位	19.1	2位	35.8	1位
3社合計	48.4		35.1		47.2		54.0	
年度	乳酸菌飲料（販売）				バター（生産）			
	1995		2006		1995		2006	
雪印乳業	4.9	4位			34.2	1位	28.0	1位
森永乳業	26.7	2位	5.6	3位	8.1	4位	16.0	4位
明治乳業	3.6	5位	3.3	4位	9.2	3位	20.1	3位
3社合計	35.2		8.9		51.5		64.1	
年度	粉乳（生産）				チーズ（販売）			
	1995		2006		1995		2006	
雪印乳業	33.6	1位	36.5	1位	28.4	1位	17.1	1位
森永乳業	14.4	2位	19.0	3位	11.2	2位	14.8	2位
明治乳業	8.6	4位	11.5	4位	8.7	4位	8.2	4位
3社合計	56.6		67.0		48.3		40.1	

資料：日刊経済通信社調査出版部『酒類食品産業の生産・販売シェア：需給の動向と価格動向』より作成。
注：1）「飲用牛乳類」は牛乳，加工乳，乳飲料の合計。
　　2）雪印乳業は2002年度に市乳部門を日本ミルクコミュニティへ委譲。

第3節　大手乳業資本の製品戦略と生産設備投資

1．大手乳業資本の製品戦略

表6－3に大手乳業資本3社の概要を示した。雪印は1990年代までトップメーカーで，売上高は5,000億円を超えていた。しかし，2000年度に集団食中毒事件を起こすと急激に経営が悪化し，2002年度には市乳部門な

どが別会社に分割された。現在の売上高は最盛期の３分の１以下である。森永および明治の売上高伸び率は1990年代では２％台以上であったが，2000年代に入ると停滞している。雪印はチーズ，森永は乳飲料およびヨーグルト（発酵乳），明治はヨーグルト・牛乳・チーズで有力ブランドをもつ。

表６－４は大手乳業資本３社の売上高内訳（上位４カテゴリー）である。

雪印の2006年度内訳をみると，チーズが売上高の３分の１強を占めており，チーズが主力品目であることが分かる。1995年度と比較すると，粉乳45％減，マーガリン34％減，バター21％減，そしてチーズも10％減であり，売上高減少品目が多い。なお1990年代は「毎日骨太」「低脂肪牛乳」

表６－３　大手乳業資本３社の概要

雪印乳業株式会社（単体）		
2007年度売上高		1,396 億円
売上高伸び率（期間平均）	1990－1998	0.7 ％
	1999－2007	－8.2 ％
従業員数	（2007年度）	1,376 名
工場数	（2007年度）	9
主なブランド	「雪印スライスチーズ」（チーズ）	
	「雪印６Ｐチーズ」（チーズ）	

森永乳業株式会社（単体）		
2007年度売上高		4,500 億円
売上高伸び率（期間平均）	1990－1998	3.2 ％
	1999－2007	0.5 ％
従業員数	（2007年度）	3,068 名
工場数	（2007年度）	18
主なブランド	「マウントレーニア」（乳飲料）	
	「森永アロエヨーグルト」（ヨーグルト）	

明治乳業株式会社（単体）		
2007年度売上高		4,784 億円
売上高伸び率（期間平均）	1990－1998	2.2 ％
	1999－2007	－0.2 ％
従業員数	（2007年度）	4,481 名
工場数	（2007年度）	24
主なブランド	「明治ブルガリア」（ヨーグルト）	
	「明治おいしい牛乳」（牛乳類）	
	「明治北海道十勝」（チーズ）	

資料：各社ホームページ，「有価証券報告書」，「乳業ジャーナル」より作成。
注：主なブランドは売上高200億円以上のブランド。

表６－４　大手乳業資本の売上高内訳（上位４分類）

単位：億円

		金額	1995年度との比較
雪印（2006年度）	売上高合計	1,418	
	チーズ	576	▲10％
	粉乳	288	▲45％
	バター	243	▲21％
	マーガリン	145	▲34％
森永（2007年度）	売上高合計	4,500	
	牛乳類	717	－
	乳飲料	701	－
	アイスその他	649	－
	ヨーグルト	491	53％
明治（2007年度）	売上高合計	4,784	
	牛乳類	1,184	－
	ヨーグルト	1,145	154％
	市乳その他	639	－
	乳飲料	500（注1）	－

資料：「乳業ジャーナル」第509号，2008年６月，『酒類食品　産業の生産・販売シェア：需給の動向と価格変動』日刊経済通信社，「有価証券報告書」より作成。
注：１）「乳業ジャーナル」第511号，2008年８月，p.4より。
　　２）「アイスその他」「市乳その他」の具体的製品群は不明。
　　３）売上高の上位４分類を記載。

といった牛乳に近い風味をもつ加工乳や乳飲料を重視しており，これら加工乳・乳飲料は脱脂粉乳およびバターを主原料として製造された[3]。雪印の重視した品目は乳飲料・加工乳，そしてチーズである。

森永の2007年度内訳によると，「牛乳類」が最も多いが，「乳飲料」・「アイスその他」[4]・「ヨーグルト」も「牛乳類」に匹敵する売上高がある。1995年度と比較すると，「ヨーグルト」は売上高が53％増加している。また牛乳・加工乳・乳飲料の合計である「飲用牛乳類」の森永販売量は1995～2006年度までに11％ほど増加した[5]。市場全体における牛乳および加工乳の減産傾向からすれば，森永では乳飲料の販売量が増加し，それに伴って売上高も増大したことが示唆される。なお表には記載していないが，同期間中にチーズ売上高は73％増加し218億円となった[6]。最近の生産動向を加味すると，森永は乳飲料，発酵乳，そしてチーズを重視していると考えられる。

明治の2007年度内訳によると，「牛乳類」「ヨーグルト」の2品目で売上高の半分を占める。他には，「市乳その他」[7]・「乳飲料」がそれぞれ500億円以上を売り上げている。1995年度と比較すると「ヨーグルト」は154％増で，2倍以上に売上高が増加した。また森永と同様の計算から，乳飲料売上高の増加も示唆される。同期間中のチーズ売上高は45％増で，2007年度は269億円となった[8]。明治は森永と同様に，発酵乳・乳飲料・チーズを重視していると思われる。なお森永および明治は発酵乳・乳飲料原料として，脱脂濃縮乳・クリームといった液状乳製品を使用していると指摘されている[9]。

以上をまとめて，1990年代以降における製品戦略の特徴を述べる。大手乳業資本の製品戦略は，以下の条件をもつ品目への生産および販売の

---

[3] 産経新聞取材班〔2002〕p.88-93，北海道新聞取材班〔2002〕pp.38-39より。
[4] 該当する製品名は不明。
[5] 『酒類食品産業の生産・販売シェア：需給の動向と価格変動』日刊経済通信社より。
[6] 1995年度は「有価証券報告書」，2007年度は『乳業ジャーナル』第509号，2008年6月より。
[7] 該当する製品名は不明。
[8] 1995年度は「有価証券報告書」，2007年度は『乳業ジャーナル』第509号，2008年6月より。
[9] 中央酪農会議編〔2001〕p.24より。

シフトであったと考えられる。すなわち，第1に利益率が高いこと，第2に需給調整が容易であること，第3に需要が増加していることの3条件である。

　第1に関しては，単に殺菌処理するだけの牛乳より，多くの工程を要する乳製品，ならびに乳飲料・発酵乳の方が高い付加価値を有しており，よってこれらの品目は牛乳と比較して利益率が高いと推察される。2007年度における小売店の品目別粗利益率をみると，牛乳13%に対して，「低脂肪牛乳」（成分調整牛乳）22%，加工乳20%，「白物乳飲料」（乳飲料）21%である[10]。これは小売店の粗利益率であるので断定はできないが，乳業資本の品目別粗利益率も同様の関係にあると考えるのが自然である。

　第2は，主要な販売先である量販店の求める「多頻度少量配送」への対応である[11]。牛乳等は日々の注文量の変動が特に大きいため，乳業資本は生産量を調整しやすい品目を志向することになる。実際には，原材料に在庫調整が可能な脱脂粉乳等を利用する[12]，あるいは必要量のみの原料乳調達をおこなうといった行動がとられる。

　第3の条件に該当する典型品目はチーズ，特にナチュラルチーズである。第3章で論じたように，これら品目の需要増加は乳業資本にとって外生的というより，乳業資本自身の企業行動を要因として生じたと考えられる。

　大手乳業資本はその製品戦略において自社製品の製品差別化を志向しているものの，一部の牛乳・発酵乳[13]を除いて差別化に成功しているとは言えない。競争形態は依然として価格競争が基本であり，その中で自社の利益を最大化するために製品構成（プロダクトミックス）を調整すること（販売品目のシフト）が製品戦略の中心となっていると思われる。

---

10) 1,000ml紙容器あたり粗利益率。食料需給研究センター「平成19年度牛乳の価格動向調査」より。牛乳自体の利益率を向上させる目的で導入されたのが大手各社の販売する「プレミアム牛乳」である。160円台の価格帯の牛乳の粗利益率が15%程度なのに対し，220円台は23%である（前掲資料より）。
11) 小売業の仕入れ行動については菊池〔2008〕を参照。
12) 産経新聞取材班〔2002〕pp.88-93より。
13) 明治の「ブルガリア」（発酵乳），「明治おいしい牛乳」など。製品差別化の点で言えば，中小乳業資本の方がより進んでいる可能性もある。

2. 生産設備投資戦略の特徴

つづいて各社の生産設備投資戦略を検討する。

図6－1に各社の生産設備評価額の推移を示した。雪印の評価額は1985年度には森永および明治の2倍程度あったが，1990年代を通じてその差は縮小した。森永および明治は，雪印より生産設備投資が活発で

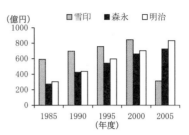

図6－1　大手乳業資本の生産設備評価額
資料：「有価証券報告書」より作成。

あったと思われる[14]。次に各社の工場新設・閉鎖状況を示したのが**表6－5**である。雪印は工場閉鎖に比して新設が少なく，1998年度以降は新設工場がない。森永は新設・閉鎖ともに1つずつで変化が少ない。明治は1990年代半ば以降に新設・閉鎖が集中している。**表6－6**は各社の1工場あたり生産設備評価額および従業員数である。雪印は評価額が増加かつ従業員数が減少したが，これは市乳工場[15]がなくなり乳製品工場のみに

表6－5　大手乳業資本の工場新設・閉鎖状況
単位：工場

	年度	工場数	内訳
雪印	1990	42	
	2007	9	
	新設	2	医薬品1，市乳1
	閉鎖（注）	35	
森永	1990	18	
	2007	18	
	新設	1	調理食品など1
	閉鎖	1	
明治	1990	33	
	2007	24	
	新設	5	市乳3，チーズ1，流動食品1
	閉鎖	14	

資料：「有価証券報告書」より作成。
注：雪印の閉鎖工場数は他社への事業移管数18を含む。

表6－6　大手乳業資本の1工場あたり生産設備評価額・従業員数
単位：億円，人／工場

	年度	生産設備評価額	従業員数
雪印	1990	17	85
	2007	44	61
森永	1990	24	98
	2007	55	74
明治	1990	13	83
	2007	41	84

資料：「有価証券報告書」より作成。

---

[14] 各社のここ8年間（2001～2007年度）の「設備投資額」年間平均は，雪印66億円，森永178億円，明治212億円である。『乳業ジャーナル』第509号，2008年6月，p.88より。
[15] 市乳工場は牛乳，発酵乳など牛乳等を製造する工場で，一般的に乳製品工場より規模が小さい。消費地に立地する場合が多い。

なったためと思われる。森永は評価額が2倍に増加，従業員数は減少した。なお評価額の絶対値は森永が一番大きい。明治は3社のうちで最も評価額が増加した。従業員数は変化していない。

雪印は3社の中で最も生産設備投資が不活発で，工場の改廃も老朽化した工場の閉鎖が中心で工場新設が少ない。森永は工場の改廃こそ少ないが1工場あたり評価額が増加し，3社中で最も大きい評価額となっている。明治は1990年代に工場のスクラップ・アンド・ビルドを実施して，工場の集約化が進んだと言える。製品戦略との関係で特に重要なのが，1990年代に液状乳製品の原材料利用に対応した市乳生産設備が整備された点である[16]。生産ラインと直結するチルド管理が可能なタンクが設置されることで，脱脂粉乳などを使用していた際に必要とされた開封・溶解作業がなくなり，製造工程の省力化が達成された[17]。なお，液状乳製品は脱脂粉乳・バターと比して輸送コストが高いため，液状乳製品の効率的利用のためには工場が地域的に集約化されている必要がある。

第4節　大手乳業資本間における原料乳調達戦略の差異とその要因

1．原料乳調達戦略の変化

図6-2に，よつ葉乳業を含む大手乳業資本の地域別原料乳処理量の変化を示した[18]。白が都府県での処理量，着色部が北海道での処理量である。下から加工原料乳，生クリーム等向け，そしてチーズ原料乳や飲用乳向けなどそれ以外の用途となる。

まず北海道と都府県での処理量の推移をみると，雪印は都府県での原料乳処理がなくなり，北海道でも処理量を減少させている。よつ葉は処理量にほとんど変化がない。それに対して森永および明治は処理量合計

---

[16] 中央酪農会議編〔2002〕p.42より。
[17] 矢坂〔2000〕p.45，中央酪農会議編〔2004〕p.69, p.74による液状乳製品利用企業アンケートより。
[18] 都府県の処理乳量には大手乳業資本が道外移出生乳としてホクレンから購入し，都府県の工場で処理した数量を含む。これは，道外移出生乳として各社が購入している数量を把握できないためだが，多くとも数万t程度と推察される。

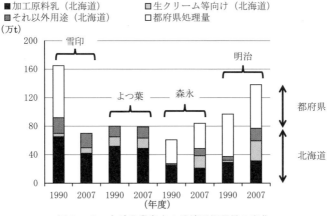

図6-2　大手乳業資本の地域別処理量の変化

資料：ホクレン酪農部資料，「有価証券報告書」，「日刊酪農乳業速報資料特集」より作成。
注：1）都府県処理乳量＝全国集乳量－ホクレンからの直接購入量。
　　2）都府県での処理乳量には，ホクレンが委託販売する道外移出生乳を含む。
　　3）「それ以外用途（北海道）」は，道内・道外飲用乳向け，学校給食向け，発酵乳等向け，チーズ原料乳向けの合計。

が増加したが，特に北海道で処理量を増加させたことが分かる。両社とも都府県での処理量にはほとんど変化がなく，2007年度では原料乳処理の過半が北海道でなされている。

　次に北海道での用途構成の変化は，雪印およびよつ葉に対する森永および明治で違いが鮮明である。雪印とよつ葉は原料乳の用途構成をほとんど変化させていない。また，雪印の処理量減少分のほとんどが加工原料乳である。その一方で，北海道にて処理量を増加させた森永および明治は，その増加分の多くが生クリーム等向けである。森永の生クリーム等向け処理量は1990～2007年度の期間中に12.9倍，明治は9.5倍に増加した。雪印の1.6倍，よつ葉の1.1倍と比べると，森永および明治の増加程度は極めて大きいと指摘できる。

　このように，大手乳業資本の原料乳調達戦略は北海道での調達量増加，かつそこでの生クリーム等向けの調達量の増加という形態で変化した。その理由は以下の3点と考えられる。

　第1に，前節で検討した生産・販売品目のシフトがある。牛乳から，

乳飲料・発酵乳・クリーム，そしてチーズへのシフトである。乳飲料・発酵乳原料としても使用される液状乳製品向け原料乳である生クリーム等向け，そしてチーズ原料乳といった飲用乳向けより低乳価の用途を大量に購入できる地域は北海道に限られる。これは，生産量(供給可能量)の大きさと，都府県より低い生乳生産費のためである[19]。

第2に，都府県の原料乳供給力不足がある。1990年以降，都府県の生乳生産量は1992・1995・1996年の3年間を除いた全ての期間で前年と比較して減少してきた。そのうち半数の期間では，都府県生乳生産量の減少率が都府県牛乳生産量の減少率を上回っている。この事態は，特に大量の原料乳調達をおこなう大手乳業資本にとって，都府県での安定した原料乳調達が困難になりつつあることを示唆している。大手乳業資本は1980年代から従来の地域固定的な原料乳調達から広域的な原料乳調達にシフトしてきたと指摘された[20]が，北海道からの生乳移出も限度がある[21]ため，北海道での原料乳処理に軸足を置き始めつつある(図6－2参照)。生クリーム等向けが発酵乳・乳飲料原料としても位置づけられている以上，北海道での生クリーム等向け原料乳の調達は，都府県での原料乳調達の代替的性格をもつと言える。また2000年代以降の特徴として，牛乳消費量が減少しているにもかかわらず，大手乳業資本の一部は道外飲用乳向けの購入量を増加させている[22]。これも都府県の供給力不足に対応した動きと考えられる。

第3の要因として，ホクレンの「優先用途」販売方式による必要時必要量の原料乳分配を指摘できる。従来，乳飲料・発酵乳の原料には主として脱脂粉乳・バターが用いられていた。しかし加工原料乳は限度数量削減の下では購入量を増やすのが困難である。また「持分比率」を調整して購入量を積み増しできるとは限らない。また「持分比率」が「既得

---

[19] 生乳1kg（乳脂肪率3.5％換算）あたり生産費は，2006年で都府県76.8円，北海道61.3円である（「畜産物生産費」より）。都府県では生クリーム等向け乳価（ホクレン供給価格）は生産費以下の水準となる。
[20] 矢坂〔1988b〕，梅田〔2007〕を参照。
[21] 年間60万t程度が上限とされる。ホクレン酪農部聞き取り調査より。
[22] 特に明治が顕著である。2007年度では，明治の道外飲用乳向けは2000年度と比較して3.2倍の11万tに達している。

権益」として固定化され,配乳実績の少ない乳業資本にとっては参入障壁として作用する(第4章参照)。そこで,加工原料乳の代替用途として乳脂肪分・無脂乳固形分を生クリーム等向けを通じて購入すれば,以下のメリットを乳業資本は享受できる。第1に生クリーム等向けは「優先用途」であるから,優先的に分配を受けて必要量を確保できる。特に加工原料乳を購入する乳業資本との関係では,加工原料乳を購入する乳業資本に先んじて原料乳分配を受けることが可能となる[23]。第2に,脱脂粉乳・バターを使用するより液状乳製品を使用した方が最終製品である発酵乳・乳飲料の風味が向上するとされる[24]。

なお,ホクレンによる必要時必要量配乳は,乳業資本の短期的な需給調整コスト負担を軽減する効果を有する。都府県において大手乳業資本は定時定量(定時定率)取引が基本で[25],それゆえに牛乳需要が減少する冬季には余乳処理費用(乳製品への加工費用)が発生する。しかし,北海道では牛乳需要に対応して原料乳購入量を変えることができ,余乳処理費用をホクレン(あるいは加工原料乳を多く購入する他の乳業資本)に転嫁できる。これは牛乳用途の場合だが,他用途の場合も同様である。これによって量販店からの多頻度注文に応じた柔軟な原料乳調達が可能となる。

2. 原料乳調達戦略に差が生じる要因

以上は原料乳調達戦略が変化した要因だが,それでは各社間で原料乳

---

[23] 解消されつつあるとはいえ乳業資本の排他的集乳域が残存する都府県では,各社のシェアを大きく変化させるような購入量の拡大が難しい。また都府県では各社への原料乳分配はその地域の生乳生産量の増減率に応じてなされ,その率以上に購入量を変化させづらい(関東地域指定団体・関東生乳販売農業協同組合連合会からの聞き取り調査より)。ホクレンが配乳権を完全に掌握する北海道では,必要に応じた購入量の拡大がより容易であると思われる。
[24] 矢坂〔2000〕p.45,中央酪農会議編〔2004〕p.69,p.74による液状乳製品利用企業アンケートより。大手乳業資本の1社は生クリームの半数を外部販売し,残りの生クリームと脱脂濃縮乳の全量を自社消費していた(中央酪農会議編〔2002〕pp.40-41)。なお液状乳製品市場全体の需要先をみると,クリームは製菓・製パン業,アイスクリームメーカーで6割強,そして脱脂濃縮乳の7割は乳業資本が自ら消費する自社消費で,乳飲料・発酵乳などの原料として用いられている(2006年度の数値で,農畜産業振興機構「主要乳製品の流通実態調査報告書」より)。
[25] 小金澤〔1995a〕pp.80-81を参照。

調達戦略に違いが生じる要因は何であろうか。特に増加の著しい生クリーム等向けを対象として，積極的に取引を拡大させた森永および明治と，ほとんど増加させなかった雪印（よつ葉）といったように大手乳業資本間で原料乳調達戦略に違いが生じた要因について検討する。

1990年度時点で，北海道で取引される加工原料乳の購入シェアは雪印35％，森永13％，明治15％，よつ葉28％であった[26]。なお雪印の加工原料乳シェアは1970年代末には6割を超えていたが，徐々に低下し1990年代初頭には3割程度となった。雪印のシェア低下を受けてシェアを上昇させたのはよつ葉乳業である。一方で，森永および明治の加工原料乳シェアは1970～1990年代初頭までの20年間ほとんど変化していない。こういった状況下で生じた1993～1994年度の生乳需給緩和により，大量の乳製品在庫が発生した。**図6－3**はバター，**図6－4**は脱脂粉乳の在庫量推移である。ともに適正在庫量を示してある[27]。バター在庫量は1993年度に大きく

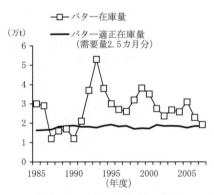

図6－3　バター在庫量の推移

資料：農林水産省牛乳乳製品課資料，日本酪農乳業協会（j-milk）資料より作成。
注：1）民間在庫のみ。事業団（国）の在庫はなし。
　　2）j-milk資料によればバター在庫の適正量は需要量2.5カ月分とされる。

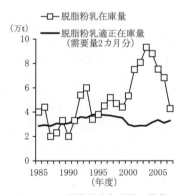

図6－4　脱脂粉乳在庫量の推移

資料：農林水産省牛乳乳製品課資料，日本酪農乳業協会（j-milk）資料より作成。
注：1）民間在庫のみ。事業団在庫は脱脂粉乳のみ1988年度まで数百t，2000年度に4,000t程度あったが，それ以外はゼロ。
　　2）j-milk資料によれば脱脂粉乳在庫の適正量は需要量2カ月分とされる。

26）以下の数値は断りなき場合，ホクレン酪農部資料より。
27）バターは月間需要量2.5カ月分，脱脂粉乳は同2カ月分相当量が適正在庫量である。日本酪農乳業協会（j-milk）資料「乳製品の適正在庫水準について」2002年12月より。

増加し,その後も高い水準が継続した。脱脂粉乳在庫も1993年度に大きく増加したが,1990年代はおおむね適正水準で推移し,2000年代以降に非常に高い水準となった[28]。バターは1993年度以降,脱脂粉乳は2000年代以降に過剰在庫の状態であったと言える。

ここで乳製品在庫が大手乳業資本の企業行動に与えた影響について注目する。各社の乳製品在庫量データは入手できなかったため,二次的な接近を試みる。表6－7に,雪印,森永,そして明治のバターおよび粉乳の生産量と販売量との乖離を示した。マイナスの数値に網かけをしている。プラスの数値は販売量より生産量が多い場合で,乳製品在庫の積み増し,あるいは乳製品の自社生産自社消費を意味する。マイナスの数値は販売量より生産量が少ない場合で,乳製品在庫の取り崩し,あるいは乳製品の外部購入を意味する。これによると,雪印はバターが1987・1991年度を除いた年度,そして粉乳が全ての年度でプラスである。この数値の変動からは乳製品在庫量,特に脱脂粉乳在庫量との連動性が見出せる(図6－3,図6－4参照)。自社消費量がこれほど変動するとは考

表6－7　大手乳業資本のバター・粉乳の生産量と販売量との乖離

単位：t

年度	バター			粉乳		
	雪印	森永	明治	雪印	森永	明治
1985	4,251	1,692	2,006	18,084	−3,816	950
1986	1,725	−574	−1,825	16,974	−5,395	11
1987	−1,699	−2,663	−454	11,508	−3,966	−1,118
1988	610	−921	−227	13,734	−3,464	−502
1989	2,116	−463	−1,445	16,416	−3,125	−1,209
1990	799	−1,917	−3,211	17,562	−7,360	−6,491
1991	−230	−238	−509	8,814	−6,498	−3,018
1992	5,448	935	2,592	27,762	−4,014	−211
1993	3,327	−1,023	1,136	27,306	−8,584	−2,084
1994	1,094	−2,430	−3,136	15,498	−8,880	−9,083
1995	2,222	−3,013	−2,631	17,196	−8,801	−7,366
1996	3,320	−2,561	−3,057	20,028	−9,688	−3,423
1997	4,587	−1,773	−2,218	21,210	−9,290	−5,265
1998	7,109	−1,235	−1,608	31,980	−9,436	−4,493

資料：「有価証券報告書」より作成。
注：1）表中数値＝「生産量」－「販売量」。
　　2）網かけはマイナス数値。
　　3）1998年度までしか公表されていない。

---

[28] 在庫量の動きについては第3章第2節を参照。

えにくいので，乳製品在庫の一定の積み増しが示唆される。一方で森永および明治をみると，バター・粉乳ともにほぼマイナスである。マイナスの期間が多く，継続してこれほどの在庫取り崩しは考えにくいので，外部からの乳製品購入が推察される[29]。雪印は在庫が生じやすい生産・販売構造，森永および明治は在庫が生じにくい生産・販売構造であった。これらの点から，乳製品在庫，特に脱脂粉乳在庫が加工原料乳シェア以上に雪印に集中していた状況が示唆される[30]。つまり，雪印に乳製品在庫が偏在していたのである。

こういった乳製品在庫の偏りによって，ホクレンの生クリーム対策に対する各社の対応が分かれることになる。液状乳製品はバターおよび脱脂粉乳と競合・代替関係にあるため，液状乳製品の増産はバターおよび脱脂粉乳の既存需要を減少させ，これらの在庫負担を一層高める可能性がある。よって多くの乳製品在庫を抱える雪印は，液状乳製品生産に消極的とならざるを得ない。この制約は脱脂粉乳在庫量が非常に増大した1990年代後半以降，特に強く作用したと思われる[31]。それに対して乳製品在庫をあまり持たない森永および明治は，生クリーム対策による生クリーム等向け乳価の引き下げ，そして原料乳の必要量調達かつ先取り調達が可能であることで，生クリーム等向け購入量を急速に増やし積極的に液状乳製品生産に取り組んだのである。

「優先用途」として先取り分配される生クリーム等向けが急速に増加すれば，「優先用途」の残余分である加工原料乳は必然的に減少する。バター・脱脂粉乳需要が停滞する状況下では，雪印にとって在庫負担の軽減のために加工原料乳購入量が減っていくことは合理的に受け入れられることであった。森永および明治の生クリーム等向け購入量の増加は，本来は加工原料乳として雪印に分配されるはずだった原料乳を，両社が生クリーム等向けとして吸収する過程だったのである。生クリーム等向け取引を

---

[29] 中央酪農会議編〔2002〕p.40より，1990年代前半時点で両社の乳製品の外部購入を確認した。
[30] なお，雪印以外の主要な乳製品在庫保有者は全農と思われる（矢坂〔2000〕p.42より）。
[31] 2000年の食中毒事件によって脱脂粉乳を多く消費する加工乳・乳飲料の生産が大きく減少し，雪印の在庫はさらに増加した。また雪印の売上原価棚卸資産回転率をみると，2000年度から急激に悪化している。

拡大して液状乳製品を生産することは，発酵乳と乳飲料を重視するという森永および明治の製品戦略とも合致する行動であると言えよう。

第5節　原料乳市場構造変化の意味

　以上述べたような大手乳業資本の原料乳調達戦略によって，北海道における原料乳市場構造の変化が現実に生じた。ところで，この原料乳市場構造の変化は乳業資本の発展にとっていかなる意義をもつのであろうか。具体的には，原料乳市場の物量的拡大および原料乳価格水準が問題となる。以下，この2点について検討する。

1．原料乳購入量と売上高の関係性

　表6－8に大手乳業資本の売上高と全国集乳量の単相関係数を示した。計測期間を1980～1993年度までの14年間と，1994～2007年度までの14年間とに分けた。後半の14年間では雪印0.999，森永0.890，明治0.823と3社全てに相関がある。特に森永は前半では相関がなかったが，後半では相関が生じている。売上高を大きく減少させた雪印を除くと，森永および明治は集乳量の増加を通じて売上高を拡大したと言える。

　1980年代には国内原料乳基盤からの離脱傾向が指摘されたこともあった[32]が，1990年代以降では大手乳業資本は国内での原料乳調達を基礎にして発展を遂げたと考えられる。乳業資本の集乳量と売上高との間に正の相関がある以上，国内の原料乳市場の量的拡大は乳業資本の発展と矛盾せず，むしろマッチする発展方向であった。

表6－8　売上高と全国集乳量の相関関係

	期間	単相関係数
雪印	1980－1993	0.944
	1994－2007	0.999
森永	1980－1993	▲0.284
	1994－2007	0.890
明治	1980－1993	0.905
	1994－2007	0.823

資料：「有価証券報告書」，「日刊酪農乳業速報資料特集」より作成。

---

32) 飯澤〔2001a〕pp.214－215を参照。

2．原料乳価格の水準

表6-9に示した数値は，売上高に占める原料乳購入費の比率と売上高経常利益率の単相関係数である。各社の原料乳購入費は1985~1998年度までは「有価証券報告書」に記載があるものの，それ以後はない。そこでホクレン酪農部資料より，北海道は同資料の乳価，都府県は全量飲用乳向けかつホクレンの道外移出生乳の価格水準（着地価格）で取引されたと仮定する[33]。この条件で試算した原料乳購入費と実際の原料乳購入費とが比較可能な1990~1998年度の期間で，試算値と実際の数値を比較すると，単相関係数は雪印0.98，森永0.81，明治0.89，そして絶対額の乖離はおおむね1割以内であった。よって，原料乳購入費試算値の利用は妥当と判断した。

各社の売上高に占める原料乳購入費比率は雪印20％台，森永10~15％，明治20％前後であり，費用項目としては最も大きい部類に入る。よって，売上高経常利益率への影響は大きいと思われる。北海道での購入単価は雪印が下落，森永および明治は加工原料乳より高い用途の購入が増加しているため横ばい，ないし上昇傾向である。都府県での購入単価は3社全てが下落傾向にある。

さて，実際に表6-9の数値を検討する。原料乳購入費比率と利益率との間に正の相関がある場合，ともに上昇したか低下したかである。この場合の原料乳購入費は利益率に悪影響を与えているとは言えない。一方，原料乳購入費

表6-9　売上高に占める原料乳購入費比率と利益率の相関関係

	期間	単相関係数	利益率前年比変動ポイント（期間平均）
雪印	1985-1995	▲0.02	0.02
	1993-1999	0.66	▲0.08
	2003-2007	0.93	0.33
森永	1985-1995	▲0.02	0.03
	1993-1999	▲0.55	0.08
	2001-2007	0.58	▲0.23
明治	1985-1995	0.01	0.01
	1993-1999	▲0.24	0.11
	2001-2007	0.62	0.08

資料：「有価証券報告書」（1985~1995年度），ホクレン酪農部資料，「日刊酪農乳業速報資料特集」より作成。
注：1）網かけの1993-1999,2001-2007の期間の原料乳購入費は筆者の計測による数値。ホクレン酪農部資料をもとに，都府県での集乳量は全量牛乳向け，かつホクレンの道外移出生乳の価格で購入したとして計測した。
　　2）1985-1995の原料乳購入費は「有価証券報告書」に記載のある実際の値を使用した。
　　3）利益率は売上高経常利益率を用いた。
　　4）雪印のみ2003-2007の5年間とした。

---

[33] 乳価試算条件は表4-2,乳価の推移は図5-3を参照。

比率と利益率との間に負の相関があり，かつ利益率が低下している場合，原料乳購入費増加と利益率低下の同時進行を意味するので，原料乳購入費が利益率に悪影響を与えていることが示唆される。ところが，原料乳購入費比率と利益率との間に負の相関が確認される期間はない。なお，単相関係数がマイナスとなった期間はあるものの，その場合の利益率は全て停滞・上昇傾向であり，低下傾向はみられない。よって原料乳購入費は，売上高経常利益率に対して明瞭なマイナスの影響を与えていないと判断できる。

第6節　小括

　1990年代以降，都府県の原料乳市場は乳価下落および取引量減少が並行的に進行する縮小過程に入った。一方，北海道の原料乳市場は乳価下落に直面しつつも取引量を拡大させ，取引高の拡大を達成した。その背景には，ホクレンの新たな販売戦略に対応した乳業資本の原料乳調達戦略の変化があった。原料乳市場の物量的拡大およびその中で形成された原料乳の価格水準は，乳業資本の発展と矛盾しないものであった。しかし，この原料乳市場構造の変化は乳業の一様な市場行動によるものではない。むしろ，乳業の市場行動にムラが生じる，つまり個々の乳業資本の企業行動に差が生ずることによってもたらされたと言える。

　本章では原料乳市場構造の変化を規定した大手乳業資本の市場行動について検討した。1990年代以降，大手乳業資本は従来の中心品目であった牛乳から乳飲料・発酵乳，あるいはチーズへと製品戦略をシフトさせつつある。その際，雪印はバター・脱脂粉乳を主原料として乳飲料・加工乳を製造したが，森永および明治は液状乳製品（生クリーム・脱脂濃縮乳）を主原料として発酵乳・乳飲料などを製造した。また，雪印では生産設備投資が不活発だったのに対して，森永および明治では液状乳製品使用に対応した生産設備の整備をはじめとして積極的な生産設備投資がみられた。この違いは以下の要因にもとづく。すなわち，雪印に乳製

品在庫が集中していたために，雪印は企業行動が拘束され液状乳製品生産に消極的とならざるを得なかった。それに対して，森永および明治は在庫負担が相対的に小さかったために，加工原料乳の代替用途として生クリーム等向け取引を大幅に拡大したのである。

　雪印は，酪連時代に他社に先んじて北海道各地へ網羅的に工場を配置して原料乳を確保し，道内で圧倒なシェアを誇ってきた[34]。その雪印の「先発優位」は，1980年代から実施された加工原料乳の「持分比率」分配方式によって生乳生産調整下でも維持されてきた。雪印は1970年代末の乳製品過剰に直面して在庫負担を軽くするために自社の「持分比率」を他社へ徐々に委譲したが，その対象は自社にとって直接的な競争相手ではないよつ葉乳業であった。しかし，1990年代の乳製品在庫の高まりとそれに対応したホクレンの販売戦略は，雪印の「先発優位」を「先発劣位」に転換させた。雪印は「持分比率」方式を参入障壁として原料乳を確保してきたわけだが，液状乳製品生産に取り組むことができなかったがゆえに，必要量分配がなされる生クリーム等向けを通じて森永および明治に原料乳購入シェアを大幅に奪われることとなった。原料乳購入量が売上高を規定する度合の強い乳業では，原料乳購入シェアは牛乳乳製品シェアにも反映されていく。このように，原材料の市場構造に規定された「先発劣位＝後発優位」(first-mover disadvantage)[35]現象が，1990年代以降の乳業において発生したのである。

---

34) 雪印乳業史編纂委員会編〔1961〕p. 437より。
35) 宇田川他〔2000〕pp. 8-13を参照。

第 7 章　総括と展望

第7章　総括と展望

第1節　総括

　本節では各章を要約した後に総括をおこなう。

　第1章では，本書の課題を設定して分析視角を示した。

　第2章では，生乳需給と生乳取引制度とが相互に影響を与えながら展開した過程を解明した。1970年代末に加工原料乳生産者補給金等暫定措置法（不足払い法）による需給調整機能が低下し，大幅な需給緩和が生じた。それに対応して開始されたのが中央酪農会議によって指導された指定生乳生産者団体（指定団体）の自主的な生乳計画生産であり，この計画生産は不足払い制度を補完する機能を発揮した。近年ではホクレンの生クリーム等向け取引の推進によって加工原料乳限度数量の削減が達成されるなど，不足払い制度と計画生産との制度的一体性がさらに高まっていると言える。

　第3章の課題は1990年代以降の牛乳乳製品需給を特徴付けることであった。牛乳，脱脂粉乳およびバターといった従来までの中心品目の需要が停滞ないし減少傾向となったのに対し，発酵乳・乳飲料・液状乳製品（クリームなど）・チーズといった品目の生産は増加した。そして，乳製品需要の増加は主として業務用需要の増加として起きた。これら品目の需要増加は，最終需要の自立的な動きというよりも，乳業資本の企業行動によって生じたと考えられる。

　第4章では，北海道指定団体ホクレンの原料乳分配方法をひとつの規定要因とする原料乳市場構造の変化を明らかにした。原料乳市場構造の変化の特徴は以下の3点である。第1に用途構成の変化であり，加工原料乳が減少する一方で生クリーム等向けを中心とする「優先用途」が増加した。第2にそれまで高いシェアをもっていた雪印およびよつ葉のシェア低下，そして森永および明治などの乳業資本のシェア上昇である。第3として原料乳分配において参入障壁の低い「優先用途」で活発な原料

乳取引が生じたことである。

　第5章は原料乳市場構造の変化を規定する北海道指定団体ホクレンの市場行動を解明することを課題とした。ホクレンは液状乳製品という潜在需要に注目し，加工原料乳から生クリーム等向け（液状乳製品向け）への代替を促す乳価を設定した（生クリーム対策の実施）。それによって加工原料乳より乳価の高い生クリーム等向けの販売量を増加させ，プール乳価下落を軽減するとともに生乳販売量の継続的拡大を達成した。

　第6章の課題は，原料乳市場構造の変化を規定する大手乳業資本の市場行動の解明であった。1990年代以降の大手乳業資本の製品戦略は，利益率の高い発酵乳・乳飲料・チーズへのシフト，製品構成の組み替えを特徴とする。森永および明治は，発酵乳・乳飲料の原料として液状乳製品を使用し，北海道で生クリーム等向け購入量を急速に増加させた。しかし，雪印は多くの乳製品在庫を保有していたために企業行動が拘束され，在庫負担を一層高めかねない液状乳製品の生産に消極的であった。それによってホクレンの生クリーム対策への対応に差が生じ，原料乳市場構造の変化が現実に生じたのである。

　本書の課題は，乳業資本および生乳生産者団体の市場行動による原料乳市場構造の変化メカニズムを解明することであった。本書を総括すると，図7－1のようになる。

　1990年代以降の酪農と乳業との相互作用関係は，以下のように整序できる。まず，乳業と酪農の基礎条件が変化する。1990年代に入ると牛乳消費量の伸びが停滞し，飲用乳向け原料乳の需要も同様に停滞した。生乳生産量が増加する中での飲用乳向け原料乳の需要停滞によって乳製品向け原料乳が増加し，乳製品の過剰在庫がもたらされたのである。つづいて，これら基礎条件の変化に対応して，酪農の市場行動が変化する。ホクレンを中心として乳製品過剰在庫対策である生クリーム対策が開始され，生クリーム等向け原料乳価の引き下げが実施された。酪農の市場行動におけるこの変化は，乳業の基礎条件である原料乳の供給条件の変化を意味する。新たな価格水準での生クリーム等向け原料乳と，必要時

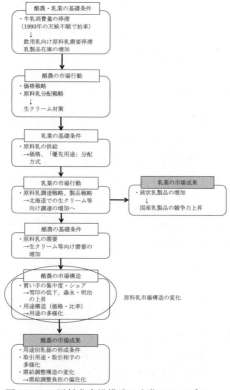

図7-1　原料乳市場構造の変化メカニズム
資料：筆者作成。

必要量の優先分配を特徴とする「優先用途」販売方式との組み合わせは，乳業の市場行動である原料乳調達戦略の変化を誘発させた。すなわち，北海道での原料乳調達比重の増加であり，その中心となった用途が生クリーム等向けである。この原料乳調達戦略の変化は，1990年代半ばからの牛乳消費量減少に対応した製品戦略の変化，つまり牛乳から発酵乳・乳飲料・液状乳製品・チーズへの製造品目のシフトに非常にマッチする動きであった。これによって，酪農の基礎条件である「優先用途」需要の継続的な増加が促進され，北海道における原料乳市場構造（酪農の市場構造）の変化（＝用途構造の変化）が生じたのである。その際，乳製

品在庫の偏在によってホクレンの生クリーム対策(酪農の市場行動)に対応した乳業資本の原料乳調達行動(乳業の市場行動)が不均一になり,それによって乳業資本の原料乳購入シェアの大きな変化を伴う形態で用途構造の変化が起こったという点が特徴として指摘できる。これが,1990年代半ばから2000年代にかけて北海道で生じた原料乳市場構造(酪農の市場構造)の変化過程とそのメカニズムである。

この市場構造の変化メカニズムから,酪農および乳業の市場行動を通じて1990年代以降の両産業間には互いに一定の利益を得させる協調関係が生じていたと指摘できる。つまり,生乳生産者団体は乳業資本が原料乳購入量を増加させるような価格の設定,あるいは原料乳分配方法を採用した。一方の乳業資本は,生乳生産者団体のこういった行動に対応して国内の生乳生産者団体からの原料乳購入量を増やした。この協調的な産業間関係は,酪農と乳業との強い相互依存性の反映と考えられる。すなわち,第1に関税や製品特性といった国境障壁の存在によって海外市場とのアクセスが限定されている。これによって海外市場と一定程度分離された国内市場が自己完結的性格を帯び,国内の酪農と乳業とが相互依存的になる。第2に,国内市場の自己完結性による相互依存は,国内の酪農乳業が双方寡占であることによってさらに強くなる。生乳生産者団体および乳業資本は,互いに限定された相手としか原料乳取引をおこなうことができない。以上の2点から,1990年代における酪農と乳業との相互依存性は国内の他産業と比較して強かったと思われる。両産業の相互依存度が強い状況下での対抗的な産業間関係は両産業の共倒れを招くため,協調的な産業間関係はこの条件下では必然的だったと言える。ただし,WTOないしFTAによる乳製品関税率の撤廃・削減など前提となる基礎条件が変化すれば,現状の協調関係が崩れる可能性がある。

以上の結論から,以下の点を一連の変化に伴う市場成果として指摘できる。

第1に,輸入困難な液状乳製品の増加は輸入乳製品に対する国産乳製品の競争力を増す効果があったと思われる。国内の乳製品向け原料乳の

うち液状乳製品向けが占める比率は，2000〜2007年度の期間中に25％から30％に上昇した[1]。液状乳製品は輸送コストが高く，貯蔵性も小さいために，輸入乳製品との競合度はバターおよび脱脂粉乳などと比して小さいと考えられる。

　第2に，用途別乳価形成への影響である。ホクレンは乳業資本間での差別乳価を基本的に設けず[2]，全ての乳業資本と同一価格で取引をおこなう。よって，ある用途でシェアの大きい乳業資本ほど価格形成に影響力を行使することになる。各用途における各社のシェアは，1990年度と2007年度とを比較すると特定の乳業資本（雪印あるいはよつ葉）への偏りが小さくなっている（第4章の図4−3を参照）。チーズ原料乳での雪印シェアは約5割で2007年度現在でもかなり高いが，各社のチーズ増産計画をみると数年以内にかなり縮小することが予想される[3]。つまり，用途別乳価の形成がより多くの乳業資本の関与のもと，より競争的な条件でなされるようになっていると考えられる。「優先用途」の必要量分配といっても，常に満度で供給されるわけではない。特に需要が拡大する用途については自社への分配量を多くするために，乳業資本は他社の動向を見ながらホクレンに価格を提示することになる。政策価格の対象であった加工原料乳の比率は5割以下となり，その政策価格自体も2000年度で廃止された。各用途をめぐる競争状態が，用途別乳価の水準を左右すると言える。

　第3に，ホクレンにとって取引用途・取引相手が多様化した点である。特定の用途・乳業資本によって生乳共販全体の動向が左右されづらくなり，リスクを分散させる効果があったと言える。ただし，「持分比率」分配で乳業資本にある程度の需給調整コストを負担させられる加工原料乳

---

[1] 指定団体取扱分のみ。中央酪農会議ホームページより。ホクレンの生クリーム等向け販売量は全国のおよそ9割を占める。
[2] ホクレンは生クリーム等向け取引にて，購入量を増加させるほど乳価を切り下げる措置を一時期実施していたことがある（中央酪農会議編〔2002〕p.53）。この措置は，従来から購入量の多い乳業資本にとって不利で，これから購入量を増やそうとする乳業資本にとって有利な制度である。この手法は2007年度現在，チーズ原料乳でも実施されている（ホクレン「指定団体情報」第110号，2008年1月を参照）。
[3] 第3章の表3−6, あるいは清水池・並木〔2007〕p.211の第1表を参照。

の比率が低下し，必要時必要量分配を求められる「優先用途」の比率が高まった。量的に膨張した「優先用途」が乳業資本の原料乳需要に応じて日々増減することで，ホクレンは従来と比して頻繁かつ規模の大きい集送乳路線の組み替えを求められる。これはホクレンにとって需給調整コスト負担の増加を意味しよう。

　第4に，北海道における需給調整構造の変化，具体的には需給調整コスト負担の乳業資本間での偏在傾向である。第4章の図4－3によれば，明治と森永は購入量の6割が「優先用途」として必要量購入が可能であるのに対し，雪印とよつ葉の必要量購入量は4割程度でしかない。複数社の乳業工場が立地する道内のある地域では，「優先用途」比率の高いA社工場で受け入れる「優先用途」が増加すると，加工原料乳比率の高いB社工場で受け入れる加工原料乳が減少する。一方，A社工場の「優先用途」が減少すると，B社工場の加工原料乳が増加する。つまり，A社の「優先用途」受入量の減少により生じる余乳の処理をA社がおこなうのではなく，B社が結果としておこなうことになる。このように加工原料乳比率の低い乳業資本は，同比率が高い乳業資本に需給調整コストを転嫁できるのである。

第2節　展望

　最後に2006年春以降に起きた諸々の画期的事態に触れつつ，わが国における今後の酪農乳業を展望する。画期的事態とは以下の3つである。まず2006年3月に発生した生乳廃棄，それを発端とする14年ぶりの減産型計画生産である。次に翌2007年末に本格化したバター不足，そして約30年ぶりとなる乳価の大幅な値上げおよび年度途中での再値上げである。

　2006年3月に起きた生乳廃棄の直接的契機は，道内の乳製品工場の処理能力を生乳生産量が上回ったことにある。この要因は，牛乳消費減少により生乳需要量が減少する一方で，1990年代から持続した乳製品過剰在庫により乳製品製造能力が増強されなかったことにある。ホクレンは

減産型計画生産によらない過剰在庫対策を2003年度から実施してきたが，生乳廃棄を契機に14年ぶりの減産に踏み切った。北海道における処理能力の過小性問題は，2008年に相次いで稼働した大手乳業資本の新チーズ工場，そしてよつ葉乳業の液状乳製品工場増強によって処理能力が飛躍的に高まったことにより，ほぼ解消された。中期的には生乳廃棄といった事態は生じないであろう。

　ホクレンが2年連続の減産型計画生産に取り組んだ2007年，サブプライム・ローン問題に伴う投機資金の食料市場への流入・米国のバイオエタノール増産などによって世界的な食料価格の高騰が引き起こされた。食料高騰は2つのルートから国内の酪農乳業に影響を与えた。第1に輸入乳製品価格の高騰，第2に輸入飼料価格の高騰である。

　輸入乳製品価格は高騰する一方で，国内のバターおよび脱脂粉乳価格はほとんど変化がなかったために国産乳製品の値頃感が生じた。それによって，従来まで輸入乳製品を利用してきた国内の乳製品ユーザーが国産乳製品に利用を切り替える動きが続出した。減産による加工原料乳の減少と突発的な国産乳製品需要の急増によって，乳製品在庫は適正水準を下回るまで急減した。その結果としてパニック的な買い占めが発生し，小売店の店頭からバターが払底することとなったのである。今回のバター不足を受けて，生乳需給の変動が加工原料乳の販売数量のみに集中する現在の原料乳分配方法を見直す動きが出ている。ただし「優先用途」販売方式を全面的に見直すのではなく，チーズ原料乳や生クリーム等向けといった量的に大きい用途の販売量を必要に応じて調節するといった内容が検討されている。生乳需給変動の影響を従来までのようにバターおよび脱脂粉乳需給に収束させるのではなく，牛乳乳製品全体に拡散させることで最終消費への影響を緩和する方策と評価できる。

　もう一方の輸入飼料価格の高騰は，国内の酪農家の生乳生産費を急激に上昇させた。例年より大幅に早く2007年秋口から開始された2008年度乳価の交渉は，交渉期間は長期化したものの，飲用乳向けが1kgあたり3円，乳製品向けが同5〜10円の近年まれに見る大幅値上げで妥結した。

近年の乳価交渉が数十銭単位でなされていたことを考えると隔世の感がある。そして2008年度に入っても飼料価格上昇は続いたため，年度内の乳価再交渉がおこなわれ，約30年ぶりに乳価の期中改訂が実施される運びとなった。値上げ額は飲用乳向けが10円，乳製品向けが3〜4円である。一連の乳価値上げ交渉は難航したと捉えることもできようが，全体としてスムースかつ大幅な値上げが達成されたと思われる。今回の乳価交渉の結果は，乳業と酪農との相互依存関係の強さを改めて示したと言えよう。

今回の乳価値上げにより全国の乳業資本が新たに負担することになる費用は飲用乳向けだけでも450億円であり[4]，乳業資本の利潤を大きく浸食する。よって，乳業資本は牛乳乳製品価格の値上げを順次実施することになる。2008年春の乳価値上げを受けた小売店納入価格への転嫁状況は，大手乳業資本と中小乳業資本とで差が生じていると指摘されており，今回の乳価値上げが引き金となってドラスティックな乳業再編が進展する可能性がある。

---

[4] ホクレン「指定団体情報」第120号，2008年11月より。

参考・引用文献（発表年順）

[１] 雪印乳業史編纂委員会編〔1960〕『雪印乳業史第一巻』雪印乳業株式会社，1960年。
[２] 雪印乳業史編纂委員会編〔1961〕『雪印乳業史第二巻』雪印乳業株式会社，1961年。
[３] 小島俊雄〔1962〕「乳業資本大手三社と管理価格」『農林統計調査』12(9)，pp.18－23，1962年。
[４] 松尾幹之〔1966〕『酪農と乳業の経済分析』東洋経済新報社，1966年。
[５] 森永乳業50年史編纂委員会編〔1967〕『森永乳業五十年史』森永乳業株式会社，1967年。
[６] 溝口宏〔1969〕「乳業における循環変動の分析――農林省統計の分析から――」『農林金融』22，pp.527－540，1969年。
[７] 明治乳業社史編集委員会編〔1969〕『明治乳業50年史』明治乳業株式会社，1969年。
[８] 雪印乳業史編纂委員会編〔1969〕『雪印乳業史第三巻』雪印乳業株式会社，1969年。
[９] 独占分析研究会〔1970〕「雪印乳業株式会社」『日本の独占企業４』新日本出版社，pp.213－266，1970年。
[10] 川島利雄〔1972〕「乳業独占下の牛乳の流通」吉田寛一編著『畜産物市場と流通機構』農文協，pp.101－147，1972年。
[11] 鈴木敏正〔1973〕「『不足払法』下の牛乳『過剰』の性格について」『農業経済研究』第45巻第１号，pp.9－17，1973年。
[12] 雪印乳業史編纂委員会編〔1975〕『雪印乳業史第四巻』雪印乳業株式会社，1975年。
[13] 鈴木敏正〔1976〕「不足払制度下における『酪農危機』の生成メカニズムについて――農産物過剰論的接近――」『農業経済研究』第48巻第３号，pp.126－133，1976年。

[14] 三国英実〔1976〕「農産物市場の再編成過程——農産物流通・加工過程を中心にして——」川村琢・湯沢誠『現代農業と市場問題』北海道大学図書刊行会，pp.189-243，1976年。

[15] 美土路達雄〔1977〕「加工資本の展開と農産物市場」川村琢・湯沢誠・美土路達雄編『農産物市場の形成と展開』（農産物市場論大系第1巻）農文協，pp.121-172，1977年。

[16] 鈴木敏正〔1978〕「牛乳『過剰』と乳価政策」『農業経済研究』第50巻第2号，pp.65-73，1978年。

[17] 山田定市〔1978〕「『牛乳過剰』と乳業資本」近藤康男編『農産物過剰——国独資体制を支えるもの——』（日本農業年報ⅩⅨ）御茶の水書房，pp.204-233，1978年。

[18] 石原照敏〔1979〕『乳業と酪農の地域形成』古今書院，1979年。

[19] 塩沢照俊〔1979〕「生乳・牛乳の広域流通——農協系統団体の取扱いを中心に——」湯沢誠編『農業問題の市場論的研究』御茶の水書房，pp.179-198，1979年。

[20] 三田保正〔1979〕「牛乳市場構造と乳価メカニズム」櫻井豊・三田保正編『酪農経済の基本視角』農業信用保険協会，pp.282-330，1979年。

[21] 梶井功〔1981〕「牛乳需給の構造問題」『農産物過剰——その構造と需給調整の課題』明文書房，pp.97-141，1981年。

[22] 植草益〔1982〕『産業組織論』筑摩書房，1982年。

[23] 三田保正〔1982〕「牛乳・乳製品」湯沢誠・三島徳三編『農畜産物市場の統計的分析』農林統計協会，pp.388-429，1982年。

[24] 飯澤理一郎・玉真之介・美土路知之〔1983〕「加工食品市場の展開と加工資本」美土路達雄監修『現代農産物市場論』あゆみ出版，pp.311-342，1983年。

[25] 小林康平〔1983〕『牛乳の価格と需給調整』大明堂，1983年。

[26] 飯国芳明〔1984〕「飲用乳市場における『寡占体制』の形成・変質・崩壊過程の分析」『農林業問題研究』第20巻第2巻，pp.83-90，

1984年。

[27] 飯国芳明〔1985〕「農協の飲用乳市場シェア拡大に関する分析」『農業経済研究』第56巻第4号，pp.233-240, 1985年。
[28] 大塚啓二郎〔1985〕「酪農の発展と生乳の需給構造」崎浦誠治編著『経済発展と農業開発』農林統計協会，pp.90-110, 1985年。
[29] 鈴木敏正〔1985〕「牛乳過剰問題の現段階的性格」美土路達雄・山田定市編著『地域農業の発展条件——北海道酪農の展開構造——』御茶の水書房，pp.97-132, 1985年。
[30] 日本乳業100年の歩み編集委員会〔1985〕『日本乳業100年の歩み』全国牛乳協会，1985年。
[31] ホクレン農業協同組合連合会編〔1985〕『指定団体ホクレン二十年史』ホクレン農業協同組合連合会，1985年。
[32] 宮崎義一〔1985〕『現代企業論入門』有斐閣，1985年。
[33] 雪印乳業史編纂委員会編〔1985〕『雪印乳業史第五巻』雪印乳業株式会社，1985年。
[34] 川島利雄〔1986〕「牛乳・乳製品の流通機構」吉田寛一ほか編『畜産物の消費と流通機構』農文協，pp.270-307, 1986年。
[35] 竹中久二雄・堀口健治編〔1987〕『転換期の加工食品産業——高まる輸入原料依存と地域農業の空洞化——』御茶の水書房，1987年。
[36] 梶井功〔1988〕「原料乳地帯」『畜産の展開と土地利用』（梶井功著作集第6巻）筑波書房，pp.185-277, 1988年。
[37] 矢坂雅充〔1988a〕「牛乳の不足払い制度と需給調整（上）」『東京大学経済学論集』第54巻第1号，pp.41-75, 1988年。
[38] 矢坂雅充〔1988b〕「牛乳の不足払い制度と需給調整（下）」『東京大学経済学論集』第54号第2号，pp.94-136, 1988年。
[39] Schmalensee, R. and Willig, R. D. 〔1989〕 Handbook of Industrial Organization, 3 vols, Amsterdam : North-Holland, 1989-2004.
[40] 伊藤房雄〔1989〕「生乳の地域間需給調整」北海道大学農学部紀要別冊『農経論叢』第45集，pp.55-73, 1989年。

[41] 斉藤武至〔1989〕「大手乳業メーカーの経営構造と展開方向」日本大学農獣医学部食品経済学科編『現代の食品産業』農林統計協会，pp. 122－140，1989年。

[42] Scherer, F. M. and Ross, D.〔1990〕Industrial Market Structure and Economic Performance, 3 rd ed., Boston : Houghton Mifflin, 1990.

[43] 加藤譲編〔1990〕『食品産業経済論』農林統計協会，1990年。

[44] 鈴木忠敏〔1990〕「再編すすむ牛乳・乳製品市場」吉田忠編『食糧・農業の関連産業』農文協，pp. 158－172，1990年。

[45] 樋口貞三・本間哲志〔1990〕「食品工業における多角化の論理」加藤譲編『食品産業経済論』農林統計協会，pp. 113－145，1990年。

[46] 鈴木宣弘〔1991〕「推測的変動による不完全競争市場のモデル化と政策変更効果の計測——生乳市場を事例として——」『農業経済研究』第63巻第1号，pp. 11－21，1991年。

[47] 廣政幸生〔1991〕「牛乳の流通構造と政策対応」黒柳俊雄編著『農業構造政策——経済効果と今後の展望』農林統計協会，pp. 139－153，1991年。

[48] 矢坂雅充〔1991a〕「乳業の構造」『長期金融』72，pp. 78－115，1991年。

[49] 矢坂雅充〔1991b〕「中小乳業の事例分析」『長期金融』72，1991年，pp. 116－130。

[50] 千葉燎郎〔1993〕「わが国における牛乳・乳製品過剰問題の特質」『農産物市場問題の現段階』梓出版社，pp. 119－172，1993年。

[51] 川口雅正・鈴木宣弘・小林康平〔1994〕『市場開放下の生乳流通——競争と協調の選択——』農林統計協会，1994年。

[52] 須永靖夫〔1994〕「食品業界における流通動向と乳業の販売戦略」『畜産の情報』1994年12月号，1994年。

[53] 植草益編〔1995〕『日本の産業組織——理論と実証のフロンティア——』有斐閣，1995年。

[54] 小金澤孝昭〔1995a〕「牛乳流通の広域化と市場編成」『宮城教育大学紀要』第30巻第1分冊，pp.55－95，1995年。

[55] 小金澤孝昭〔1995b〕「牛乳流通の再編と農協の対応」日本農業市場学会編『食料流通再編と問われる協同組合』筑波書房，pp.109－131，1995年。

[56] 高橋巌〔1995〕「牛乳・乳製品需給の現状と問題点――飲用牛乳と脱脂粉乳・バターの問題を中心として――」下渡敏治・上原秀樹編著『フードチェーンと食品産業』筑波書房，pp.132－163，1995年。

[57] 田中康一〔1995〕「企業の成長と本社機能立地――雪印乳業の本社移転の事例より――」『人文地理』47，pp.417－438，1995年。

[58] 出村克彦・伊藤昭男・瀬戸篤〔1995〕「酪農乳製品の産業構造に関する国際比較――国際産業連関表による日米欧比較分析――」『農業経済研究』第66巻第4号，pp.192－201，1995年。

[59] 荏開津典生・樋口貞三編〔1995〕『アグリビジネスの産業組織』東京大学出版会，1995年。

[60] 矢坂雅充〔1995〕「乳業の市場構造と農業政策」荏開津典生・樋口貞三編『アグリビジネスの産業組織』東京大学出版会，pp.249－270，1995年。

[61] 雪印乳業史編纂委員会編〔1995〕『雪印乳業史第六巻』雪印乳業株式会社，1995年。

[62] 前田浩史〔1995a〕「わが国の生乳計画生産の現状と将来方向―生産者団体による生乳生産の計画的調整のあり方をめぐって―」小林康平他『先進国の生乳生産調整計画』（酪総研選書No.37）酪農総合研究所，pp.91－132，1995年。

[63] 前田浩史〔1995b〕「試行される新たな酪農政策の背景と課題」酪農総合研究所編『UR後における世界の酪農・乳業の変化見通し』（酪総研選書No.41）酪農総合研究所，pp.57－71，1995年。

[64] 小林康平〔1996〕「わが国における生乳の需給調整の展開とその市

場開放下の課題」『農業市場研究』第5巻第1号, pp.22-32, 1996年。

[65] 田中康一〔1996〕「企業の立地と金融の地域構造——雪印乳業の事例より——」『経済地理学年報』42, pp.20-43, 1996年。

[66] Acorda, G. M. S., Yamamoto, Y., Wada, D. and Sasaki, I.〔1997a〕"Financial Analysis of Japan's Small and Medium-scale Dairy Processing Companies and Cooperatives," Research Bulletin of Obihiro University (The Humanities and Social Sciences)), 9-4, pp.337-348, 1997.

[67] Acorda, G.M.S., Yamamoto, Y., Wada, D. and Sasaki, I.〔1997b〕"A Nonparametric Approach to Measuring Cost Efficiency of Japan's Small and Medium-scale Dairy Processing Companies and Cooperatives," Research Bulletin of Obihiro University (The Humanities and Social Sciences)), 9-4, pp.349-362, 1997.

[68] 釜屋隆行・小野雅之〔1997〕「食料品小売業のマーチャンダイジングが乳業メーカーへ与える影響」『1997年度日本農業経済学会論文集』, pp.258-263, 1997年。

[69] 中島正道〔1997〕『食品産業の経済分析』日本経済評論社, 1997年。

[70] 矢坂雅充〔1997〕「市場転換期における液状乳製品市場」『日刊酪農経済通信特別号』No.44, pp.34-40, 1997年。

[71] よつ葉乳業株式会社編〔1997〕『よつ葉乳業30年史』よつ葉乳業株式会社, 1997年。

[72] ホクレン農業協同組合連合会編〔1998〕『ホクレン八十年史』ホクレン農業協同組合連合会, 1998年。

[73] 岩佐和幸〔1999〕「京都府における牛乳の流通・消費構造の変化と酪農再編の現段階——1990年代の酪農・乳業分析を中心に——」『高知論叢（社会科学）』第65・66号, pp.1-34, 1999年。

[74] 梅田克樹〔1999〕「計画生産制度の展開と酪農地域の再編成——愛

知県の事例を中心として——」『経済地理学年報』45，pp. 171－195，1999年。

[75] 大江徹男〔1999〕「最近の乳製品市場の変化と乳業メーカーの動向——液状乳製品を中心として——」『農林金融』1999年11月，pp. 805－815，1999年。

[76] 宇田川勝・橘川武郎・新宅純二郎〔2000〕『日本の企業間競争』有斐閣，2000年。

[77] 北倉公彦〔2000〕『北海道酪農の発展と公的投資』筑波書房，2000年。

[78] 小林宏至〔2000〕「牛乳過剰下の市場問題」滝澤昭義・細川允史編『流通再編と食料・農産物市場』(講座今日の食料・農業市場Ⅲ) 筑波書房，pp. 195－217，2000年。

[79] 佐伯尚美〔2000〕『酪農協の「組織問題」——その歴史と現状——』全国酪農業協同組合連合会，2000年。

[80] 鈴木充夫〔2000〕「生乳・乳製品市場におけるチーズ基金の経済分析」『北海道東海大学紀要人文社会科学系』第13号，pp. 17－35，2000年。

[81] 中原准一〔2000〕「牛乳における価格政策の改編と所得政策」村田武・三島徳三編『農政転換と価格・所得政策』(講座今日の食料・農業市場Ⅱ) 筑波書房，pp. 229－255，2000年。

[82] ポーター、M. E.・竹内弘高〔2000〕『日本の競争戦略』ダイヤモンド社，2000年。

[83] 矢坂雅充〔2000〕「牛乳流通システムと農協共販の課題」『フードシステム研究』第7巻第2号，pp. 36－49，2000年。

[84] 新山陽子〔2001〕『牛肉のフードシステム——欧米と日本の比較分析——』日本経済評論社，2001年。

[85] 飯澤理一郎〔2001a〕『農産加工業の展開構造』筑波書房，2001年。

[86] 飯澤理一郎〔2001b〕「加工食品市場の展開と食品工業」三國英實・来間泰男編『日本農業の再編と市場問題』筑波書房，pp. 103－122，

2001年。

- [87] 小田切宏之〔2001〕『新しい産業組織論――理論・実証・政策――』有斐閣，2001年。
- [88] 川村保〔2001〕「農協共販の理論モデル」土井時久・斎藤修編『フードシステムの構造変化と農漁業』（フードシステム学全集第6巻）農林統計協会，pp.61－79，2001年。
- [89] 庄野千鶴〔2001〕『WTOと国際乳製品貿易』農林統計協会，2001年。
- [90] 中央酪農会議編〔2001〕「生クリーム等の流通実態調査報告書—平成12年度—」中央酪農会議，2001年3月。
- [91] 林弘通〔2001〕『20世紀乳加工技術史』幸書房，2001年。
- [92] 斎藤修〔2002〕「フードシステムをめぐる産業組織と企業行動」高橋正郎・斎藤修編『フードシステム学の理論と体系』（フードシステム学全集第1巻）農林統計協会，pp.116－132，2002年。
- [93] 産経新聞取材班〔2002〕『ブランドはなぜ墜ちたか』角川書店，2002年。
- [94] 鈴木宣弘〔2002a〕「市場の競争構造に依存する規制緩和の影響――地域間協調による飲用乳価支持政策の効果――」『寡占的フードシステムへの計量的接近』農林統計協会，pp.55－71，2002年。
- [95] 鈴木宣弘〔2002b〕「不完全競争空間均衡モデルによる他地域間協調政策の評価」『寡占的フードシステムへの計量的接近』農林統計協会，pp.73－106，2002年。
- [96] 高橋正郎〔2002a〕『フードシステムと食品流通』農林統計協会，2002年。
- [97] 高橋正郎〔2002b〕「フードシステム学とその課題」高橋正郎・斎藤修編『フードシステム学の理論と体系』（フードシステム学全集第1巻），農林統計協会，pp.3－20，2002年。
- [98] 高橋正郎〔2002c〕「フードシステム学体系化の課題」高橋正郎・斎藤修編『フードシステム学の理論と体系』（フードシステム学全集第1巻），農林統計協会，pp.21－37，2002年。

[99] 中央酪農会議編〔2002〕「平成13年度生クリーム等の流通実態調査報告書」中央酪農会議，2002年3月。

[100] 中嶋康博〔2002〕「フードシステムの産業組織論分析」高橋正郎・斎藤修編『フードシステム学の理論と体系』（フードシステム学全集第1巻），農林統計協会，pp.53-68，2002年。

[101] 藤原邦達〔2002〕『雪印の落日──食中毒事件と牛肉偽装事件』緑風出版，2002年。

[102] 北海道新聞取材班〔2002〕『検証・「雪印」崩壊』講談社，2002年。

[103] 梅田克樹〔2003〕「寡占的アグリビジネスにおける企業戦略の変化とその要因──雪印乳業（株）を事例として──」『経済地理学年報』49，pp.289-312，2003年。

[104] 久保嘉治・並木健二・北倉公彦〔2003〕『酪農発展を支援する制度・政策』（酪総研選書No.75）酪農総合研究所，2003年。

[105] 斎藤修〔2003〕「製粉産業をめぐるフードシステムと企業行動」斎藤修・木島実『小麦粉製品のフードシステム──川中からの接近』農林統計協会，pp.81-92，2003年。

[106] 杉村泰彦・飯澤理一郎〔2003〕「乳製品製造業におけるHACCP制度の現状と問題点」北海道大学大学院農学研究科紀要別冊『農経論叢』第59集，pp.105-115，2003年。

[107] 飯澤理一郎〔2004〕「WTO体制下における食品工業資本の蓄積構造に関する考察」『流通』2004，日本流通学会誌，pp.210-219，2004年。

[108] 池田敦〔2004〕「加工食品流通──流通チャネル編成様式の歴史的動態」石原武政・矢作敏行『日本の流通100年』有斐閣，pp.19-54，2004年。

[109] 上路利雄・梶川千賀子〔2004〕『食品産業の産業組織論的研究』農林統計協会，2004年。

[110] 小塚善文・木島実〔2004〕「食品企業行動の特質と展開」中島正道・岩渕道生編『食品産業における企業行動とフードシステム』（フー

ドシステム学全集第4巻）農林統計協会，pp.3-29，2004年。
[111] 菊池宏之〔2004〕「食品企業の流通戦略と戦略同盟」中島正道・岩渕道生編『食品産業における企業行動とフードシステム』（フードシステム学全集第4巻）農林統計協会，pp.57-87，2004年。
[112] 木島実〔2004〕「食品企業におけるマーケティングと広告」中島正道・岩渕道生編『食品産業における企業行動とフードシステム』（フードシステム学全集第4巻）農林統計協会，pp.198-213，2004年。
[113] 木下順子・鈴木宣弘〔2004〕「酪農協・メーカー・スーパー間のパワーバランス——平成15年度畜産物需給関係学術研究情報収集推進事業から——」『畜産の情報（国内編）』2004年5月号，2004年。
[114] 中央酪農会議編〔2004〕「平成15年度液状乳製品の流通実態調査報告書」中央酪農会議，2004年3月。
[115] 金山紀久〔2005〕「牛乳・乳製品のフードシステムの現状と課題—加工（乳業メーカー）部門を中心として—」『北海道農業経済研究』第12巻第1号，pp.3-17，2005年。
[116] 清水池義治・飯澤理一郎〔2005〕「乳製品過剰下における乳業資本の収益構造に関する考察——雪印乳業食中毒事件の背景を視野に——」北海道大学大学院農学研究科紀要別冊『農経論叢』第61集，pp.223-234，2005年。
[117] Kinoshita, J., Suzuki, N. and Kaiser, H. M.〔2006〕"The Degree of Vertical and Horizontal Competition Among Dairy Cooperatives, Processors, and Retailers in Japanese Milk Markets," Journal of the Faculty of Agriculture Kyushu University, 51-1, pp.157-163, 2006.
[118] 鵜川洋樹〔2006〕『北海道酪農の経営展開——土地利用型酪農の形成・展開・発展——』農林統計協会，2006年。
[119] 並木健二〔2006〕『生乳共販体制再編に向けて——不足払い法制下の共販事業と需給調整の研究——』（酪総研選書No.85）デーリィ

マン社，2006年。

[120] 氏家清和〔2007〕「飲用牛乳市場と消費の特徴——スキャンパネルデータで見る『お得意様』の重要性」永木正和・茂野隆一編著『消費行動とフードシステムの新展開』農林統計協会，pp.29-54，2007年。

[121] 梅田克樹〔2007〕『酪農の地域システム』古今書院，2007年。

[122] 清水池義治〔2007〕「北海道における大手乳業資本の生産設備投資・運用に関する考察——『資本蓄積構造』の視点から——」『農業市場研究』第16巻第1号，pp.1-9，2007年。

[123] 清水池義治・並木健二〔2007〕「大手乳業資本のチーズ増産要因に関する一考察」『2007年度日本農業経済学会論文集』，pp.210-217，2007年。

[124] 酪農経済通信社編〔2007〕『NEWSのことば2007年度版酪農乳業用語解説集』，2007年。

[125] 菊池宏之〔2008〕「加工食品の物流革新」住谷宏編『流通論の基礎』中央経済社，pp.227-251，2008年。

[126] 小池（相原）晴伴〔2008〕「新不足払い法下における生乳共販の動向と課題」『酪農学園大学紀要社会科学編』第32巻第2号，pp.97-105，2008年。

[127] 清水池義治〔2008〕「業務用乳製品市場の諸類型——乳業資本の市場対応による類型化——」土井時久編著『業務用乳製品のフードシステム』（酪総研選書No.87）デーリィマン社，pp.71-101，2008年。

[128] 土井時久編著〔2008〕『業務用乳製品のフードシステム』（酪総研選書No.87）デーリィマン社，2008年。

[129] 土井教之編著〔2008〕『産業組織論入門』ミネルヴァ書房，2008年。

[130] 矢坂雅充〔2008〕「生乳価格は市場のシグナル機能を果たしているか」『農業と経済』第74巻第6号，pp.70-78，2008年。

[131] 清水池義治〔2009〕「国際乳製品市場の動向と日本への影響」出村

克彦・中谷朋昭編著『日豪FTA交渉と北海道酪農への影響』(酪総研選書No.88) デーリィマン社, pp.35－59, 2009年。

補論1　国際乳製品価格の高騰とバター不足

補論1　国際乳製品価格の高騰とバター不足

第1節　本論の課題

　農林水産省「食料需給表」によると，2007年度現在におけるわが国の生乳換算需要量は1,224万tであり，うち402万t，全体の33％を国外からの輸入に依存している。1960年度の同数値はそれぞれ24万t，11％であったから，この半世紀で国内生乳需給における輸入の比重が飛躍的に高まったのである。よって，国際乳製品市場の影響をより蒙りやすい需給構造に変化したと言える。現に2007年末には，国際乳製品価格の高騰により値頃感が生じた国産乳製品への需要が高まり，原料乳不足によって生じていたバター不足にさらに拍車がかかる事態となった。国際乳製品市場はどのような特徴をもち，わが国の生乳需給は国際市場からどのような影響を受けているのであろうか。

　本論の課題は，2007年から起きた国際乳製品価格の高騰が国内でバター不足を引き起こしたプロセスを解明することである[1]。この課題を明らかにするために，まず国際乳製品市場の特徴と価格高騰の要因を述べる。そして，「食料危機」以降のバターの需給動向を説明した後，バター不足が発生した原因とその影響を指摘する。

第2節　国際乳製品価格の高騰要因

1．国際乳製品市場の特徴

　国際乳製品需給の動向分析に入る前に，まず国際乳製品市場の特徴について簡単に指摘する。USDA〔2007〕より，全世界の生産量に占める輸出仕向け量の比率について，乳製品とその他の主要農産物とを比較した（2006/07年度）。これによると乳製品の輸出仕向け比率（生乳換算）は7.1％で，小麦（同19.1％），トウモロコシ（同11.3％），油糧作物（同

---

[1] 本論は，清水池〔2009〕を大幅に加筆・訂正したものである。

52.5％）より低く，米（同7.0％）とほぼ同水準である。よって，乳製品（生乳）は他の農産物と比して輸出作物としての性格が弱く，同一国内で生産と消費がなされる傾向にあると言える。乳製品は米に類似した性格をもつと言えよう。

だが乳製品を品目別に検討すると，輸出仕向け比率にかなりの差が生じている。FAO〔2007〕によれば，チーズとバターの輸出仕向け比率は8.5％，10.8％と低いが，脱脂粉乳は30.7％，全脂粉乳は42.1％で他の農産物と比べてもかなり高い（2006／07年度）。これら粉乳と乳製品全体の数値との差は大きいが，これは生産された生乳の72％[2]が牛乳をはじめとする飲用乳に加工されているためである。飲用乳はほぼ全量が国内で消費され，その国際市場への出回り量は極めて小さい。それによって乳製品全体の数値が小さくなるのである。

世界で乳製品輸出・輸入量の大きい主要国を示したのが**表補1－1**である。

輸出量では，EU25,ニュージーランド，オーストラリア，そして米国

表補1－1 主要国の乳製品輸出入量（2006／07年度）

単位：千t

		第1位	第2位	第3位	第4位	第5位	上位5カ国計	全世界合計
輸出量	チーズ	EU25 529 44.0%	ニュージーランド 260 21.6%	オーストラリア 202 16.8%	米国 71 5.9%	アルゼンチン 55 4.6%	1,117 92.9%	1,202
	脱脂粉乳	米国 287 28.5%	ニュージーランド 243 24.1%	オーストラリア 192 19.1%	EU25 88 8.7%	ウクライナ 65 6.5%	875 86.9%	1,007
	全脂粉乳	ニュージーランド 634 41.4%	EU25 430 28.1%	アルゼンチン 190 12.4%	オーストラリア 155 10.1%	中国 34 2.2%	1443 94.3%	1,531
	バター	ニュージーランド 365 48.0%	EU25 254 33.4%	オーストラリア 82 10.8%	ウクライナ 18 2.4%	カナダ 18 2.4%	737 97.0%	760
輸入量	チーズ	ロシア 230 22.4%	日本 207 20.2%	米国 203 19.8%	EU25 101 9.8%	メキシコ 86 8.4%	827 80.5%	1,027
	脱脂粉乳	インドネシア 140 21.7%	メキシコ 111 17.2%	フィリピン 90 14.0%	中国 65 10.1%	アルジェリア 60 9.3%	466 72.4%	644
	全脂粉乳	アルジェリア 172 37.4%	中国 85 18.5%	フィリピン 45 9.8%	メキシコ 36 7.8%	ブラジル,インドネシア 27 5.9%	392 85.2%	460
	バター	ロシア 115 29.9%	EU25 84 21.8%	メキシコ 49 12.7%	エジプト 45 11.7%	カナダ 22 5.7%	315 81.8%	385

資料：USDA〔2007〕より作成。
注：1）重量は製品ベース。
　　2）2006年10月～2007年9月までの合計。概算値。

---

[2] FAO〔2007〕より。2006年度の概算値にもとづく比率である。

のシェアが高い。特にチーズのEU25，全脂粉乳とバターのニュージーランドは1国で4割以上のシェアをもつ巨大輸出国である。自国消費量と輸出量の関係をみると，輸出国をさらに2つにタイプ分けできる。自国消費量が小さく大部分が輸出に仕向けられる輸出特化型のニュージーランドとオーストラリア，そして自国消費量と比しては輸出量の小さいEU25，米国，アルゼンチン，ウクライナなどのグループである。前者のグループはあらかじめ輸出を志向した生産をおこない，量的に安定した輸出をおこないうる。ニュージーランドとオーストラリアは生乳生産量の多い国ではないが，大部分が輸出向けのため国際市場での供給力は大きい。一方，後者のグループは自国消費分が優先されその余剰が輸出される傾向となるため，気象条件による生産減少や自国需要の増加が生じると輸出量に少なからず影響が出る場合もあると思われる。

　輸入量をみると，日本，アルジェリア，インドネシア，メキシコなど人口の割に自国生産量が小さいグループ，ロシア，米国，EU25など自国生産量も多いが輸入をおこなうグループに二分できる。

　上位5カ国シェアをみると生産と消費の場合と比しても，輸出は特に高い。脱脂粉乳は87％，チーズ93％，全脂粉乳94％，バターにいたっては97％である。輸入は輸出ほどではないが，脱脂粉乳72％，チーズ81％，バター82％，全脂粉乳85％とシェアは高い[3]。以上のように乳製品は，少数の特定国に輸出と輸入が集中している貿易構造をもつ。特に，EU25，ニュージーランド，オーストラリアといった巨大輸出国の動向が国際需給に大きな影響を与えていると考えられる。

　表補1－2にここ4年間の乳製品輸出入量の変化を示した。USDA〔2007〕によると，輸出入量の変化率は生産・消費量の変化率より高くない。つまり，近年で増加した生産の多くは自国消費に向けられているのである。そして意外にも，輸出量の伸びは輸入量の伸びを上回っている。唯一の例外がチーズで，輸出量増加率は3.9％，輸入量増加率は14.1％と輸入が輸出を上回る勢いで増大している。近年の輸出入における特徴

---

[3] 乳製品輸入に関しては穀物や大豆ほど特定国に集中していない。長谷川〔2008〕を参照。

は，脱脂粉乳，全脂粉乳からチーズへと乳製品貿易の重点がシフトする傾向にあることである。

輸出入量の変化について，チーズだけに限定して国別動向を検討しておく。USDA〔2007〕によれば，この4年間でEU25は1.3万t，米国は1.7万t，ウクライナは1.3万t，アルゼンチンは2.9万tほど輸出

表補1-2　世界の乳製品輸出入量の変化率

単位：千t，%

		2002/03①	2006/07②	②／①
輸出量	チーズ	1,157	1,202	3.9
	脱脂粉乳	1,046	1,007	−3.7
	全脂粉乳	1,484	1,531	3.2
	バター	742	760	2.4
輸入量	チーズ	900	1,027	14.1
	脱脂粉乳	849	644	−24.1
	全脂粉乳	707	460	−34.9
	バター	380	385	1.3

資料：USDA〔2007〕より作成。
注：1）表記年度は10月から翌年9月末まで。
　　2）2006年度は概算値。
　　3）重量は製品ベース。

量が増加した。ニュージーランドとオーストラリアの輸出量はさほど増えていないのに対し，アルゼンチンやウクライナといったチーズ輸出新興国の動向が特徴的である。輸入に関しては，なんと言ってもロシアの輸入量急増を指摘せねばならない[4]。4年間で10万tも輸入を増やし，2005年度には日本を超え世界一のチーズ輸入国となった。

2．国際乳製品価格の高騰要因

2007年に食料価格が高騰して世界的な「食料危機」が生じたのは記憶に新しいが，乳製品に関しても例外ではない。**図補1-1**に，2006年第1週から2010年第1週までの国際乳製品価格の推移を示した。2007年からの価格高騰は劇的であることが分かる。いずれの品目も2007年初から1年間以内に一挙に価格が2～3倍程度に跳ね上がった。この価格急騰の要因として，乳製品需給の「構造的変化」が主張されている。それを述べる前に，国際乳製品市場が価格上昇を増幅しやすい性格をもつことを指摘したい。既述のように乳製品は特定の少数国に輸出が集中しており，ある一国における生産量の変動であっても国際市場全体に波及しうる。また顕著な価格上昇が生じると投機の対象となり，それによるさらに価格上昇の促進作用も無視できない。国際市場出回り量が小さい乳製品で

---

[4] USDA〔2007〕には中国の数値について記載がない。しかし，中国の輸入量も増大しているのは疑いのないところである。中国海関総署「中国海関統計年鑑」によれば，同期間で5,000t程度輸入量が増加している。この数値はチーズ貿易に与えた影響としてはさほど大きくないと思われるが，将来的にはその限りではないと思われる。

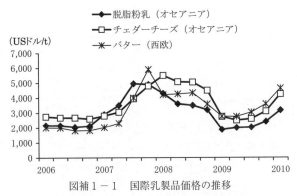

図補 1 − 1　国際乳製品価格の推移

資料：USDA, "International Dairy Market News Reports"より作成。
注：1）該当年の第1・13・25・37週におけるFOB価格。
　　2）2010年は第1週のデータのみ。

はなおさらそうである。

　そのうえで今回の価格上昇をもたらした乳製品需給の「構造的変化」とされる現象を，需給の両側面からあげておく。需要要因として，中国やインド，その他発展途上国などの人口の多い国での乳製品需要の高まりがある。これらの国では経済発展に伴い国際市場での購買力が強まっているが，輸入はまださほど多くなく間接的な影響を与えるにとどまっている。むしろ現にダイレクトに国際市場へ影響を与えているのは，ロシアや中東産油国による潤沢なオイル・マネーを背景とした輸入増加である。供給要因としては，穀物価格の上昇によって乳牛向けの配合飼料価格が上昇，それを受けた酪農主要国での乳価上昇が大きい。また，オーストラリアの干魃，アルゼンチンの輸出制限措置が国際市況感に影響を与えたと考えられる。

　これら需給要因と価格に敏感に反応しやすい国際乳製品市場の性格が相俟って，乳製品価格の急騰が生じたのである。しかし，2008年半ばから2009年の初めにかけて一転して価格は急落し，2006年水準にまで低下した。これは，2009年9月に生じた金融危機によって投機資金が食料市場から一斉に引き上げたこと，そして世界的な景気悪化により乳製品需要が減退したことが要因と考えられる。そして，2009年半ばからは再び価

格が上昇しつつあり，2007年の価格高騰時の水準に近づきつつある。これは，金融危機の沈静化に伴う投機資金の再流入が要因とも考えられるが，2007年に価格上昇を引き起こした要因のひとつである新興諸国の需要増加が依然として旺盛であることを示していると言えよう。

第3節　「食料危機」以降のバター需給の推移

さて，国際乳製品価格の乱高下は，わが国の乳製品需給にいかなる影響を与えたのであろうか。国内におけるバターおよび脱脂粉乳の需給動向について，「食料危機」発生以降を対象に検討する。「食料危機」直前までバター・脱脂粉乳はともに過去最高水準の過剰状態にあったが，「食料危機」以降は急速な不足に転じるのである。

図補1-2は，バターの在庫量と生産量・需要量の推移である。2006年7月から2009年10月までのデータを示した。図のように，バターと脱脂粉乳の在庫量はかなり明瞭な季節変動を示す。バターの場合，年末に在庫が最も少なくなり，春から夏にかけて在庫が積み増される。これはバターの需要量はケーキなど菓子需要によって年末に最も多くなる一方で，生産量は牛乳生産量との関係で夏に少なく冬に多くなるためである。

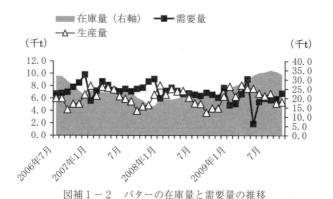

図補1-2　バターの在庫量と需要量の推移

資料：「牛乳乳製品統計」，農畜産業振興機構・農林水産省牛乳乳製品課資料より作成。
注：在庫量は推定期末在庫量，需要量は推定出回り量。

バターの適正在庫量は需要量の翌2.5カ月分とされる[5]。2006～2008年にかけての月間需要量をおおよそ7,000tとすると，適正在庫量は1.8万t弱となる。これをふまえて在庫量の推移をみると，2006年7月の大幅な過剰状態に始まり，同年末に適正水準近くまで減少した後，2007年はほとんど在庫が増えず，同年末には適正水準を下回り，同年4月までその状態が継続している。これ以降，在庫は増加傾向にあり，2009年になると急速に増加して適正水準の2倍程度まで在庫が積み増された。生産量をみると2008年いっぱいまで減少傾向にあったが，2009年になると1～2割増加した。一方で，需要量は2007年末まではほぼ横ばい，それ以降はほぼ緩やかに減少を続けている。つまり，需要量がほぼ停滞する中で生産量が減少したことによって，在庫の減少が生じたことが分かる。

第4節　バター不足の発生要因とその影響

1．バター不足の様相

　図補1－2によると，バター在庫量が適正水準に近い2万tを下回って推移したのは2007年10月から翌2008年4月までの期間である。この期間は，スーパーでバターの販売制限（「1人2個まで」など）が実施されたり，実際に欠品が発生してバター不足が社会問題化した時期と重なる。2006年末にバター在庫量が適正水準に近くまで減少したものの，本来は在庫が積み増される春先にほとんど在庫が増えなかったため，乳業各社は年末の最需要期を見越して同年夏から販売数量制限を開始した。乳業各社は固定的取引をおこなっている大口ユーザーへの供給を優先したので，新規取引やスポット取引でのバター調達が次第に困難になっていった。そして，バター不足を伝える報道に不安を感じた消費者や，スポット取引で業務用プリントバター（1単位450g～1kg）を購入していた小規模製菓業者などが，スーパーでのまとめ買いに走ったために家庭用バターの欠品が続出したのである。バター在庫は冷蔵バラバター（1単位

---

[5] 日本酪農乳業協会（j-milk）資料「乳製品の適正在庫水準について」2002年12月より。

20kg)が中心で，もとより家庭用バターやプリントバターの在庫は薄かったことも欠品発生の背景にある。

　社会問題化するまでにバター不足が深刻化した状況に対して，2008年春に国（農林水産省）は緊急対策を実施した。第1は，大手乳業資本4社（雪印・よつ葉・明治・森永）に対するバター増産の要請である。これを受けて，2008年5月に家庭用バター230t，6～8月に家庭用バター380t・業務用バター580tの増産が決定された[6]。大手乳業資本はチーズ・生クリーム等向けの原料乳を削減して，バター増産向けの加工原料乳とした。第2は，バターの追加輸入である。すでにカレントアクセス（CA）の前倒し輸入を実施していたが，2008年6月に業務用冷凍バター5,000tの追加輸入が決定された。この追加輸入はCAの数量枠を拡大する方式で実施され，低関税での輸入が可能となった。

2．バター不足の発生要因と影響

　今回のバター不足の発生要因としては，主に2つの要因が指摘されている。

　第1は，2006・2007年度と2年連続で実施された減産型計画生産の影響である。現状では脱脂粉乳と比較してバターの需要が大きく，カレントアクセスによる輸入はバターを中心とした上で，バターの需給均衡を目標とした計画生産が実施されているために，過剰在庫が問題となっている脱脂粉乳よりバターの方が需給変動による影響を受けやすいことが指摘されている[7]。また，優先配乳されるチーズ・生クリーム等向け原料乳の需要が好調であったことも，バター・脱脂粉乳向けの加工原料乳供給量を減らす要素として作用した。結果として，2007年度は前年度と比較すると，チーズ・生クリーム等向けが8.5％増だったのに対して，加工原料乳は3.5％減となった（「牛乳乳製品統計」より）。

　第2は，国際乳製品価格の高騰によって相対的に安くなった国産乳製

---

[6] 日本乳業協会プレスリリースより。
[7] 『乳業ジャーナル』第46巻第10号，2008年10月，p.23より。

品への需要のシフトである。**図補1－3**に，国内のバター価格と輸入バター価格（CAを含む農畜産業振興機構取扱分）の推移を示した。これによると，2007年末から翌年夏にかけて，輸入価格が国内価格を上回るという異常事態が起きていたことが分かる。高騰した輸入品から相対的に値頃感の出た国産乳製品へとシフトしたユーザーが出たことは想像に難くないが，この需要シフトによる国産バター需要の絶対的増加は脱脂粉乳ほど明確に起きたとは言えない。なぜなら，過剰在庫にあった脱脂粉乳とは異なって，バター在庫は輸入価格高騰以前に適正水準近くまで減少しており，国産バターの引き合いが強まったものの実際に供給することができなかったのである。なお，輸入価格高騰の影響を受けて，従来は変化に乏しかった国内価格の上昇が引き起こされた。これも，これまでは見られなかった事態である。

　この国産バター販売のチャンスロスが乳製品需要自体の減少を引き起こしたと思われる点が，バター不足の与えた影響として大きいと考えられる。すなわち，乳業資本はバター生産量を増加させて全ての需要に対応することが不可能だったため，前述のように比較的安価に輸入できるCA枠を活用したバターの追加輸入と，バター代替品としてマーガリンな

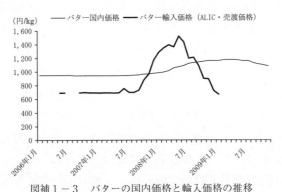

図補1－3　バターの国内価格と輸入価格の推移

資料：農林水産省牛乳乳製品課資料，農畜産業振興機構（ALIC）資料より作成。
注：1）国内価格は「大口需要者価格」。
　　2）輸入価格は，ALIC取扱分の国内売渡価格。

ど植物性油脂の輸入で対応した。現に2007年度では，乳業各社のマーガリン類の売上高は前年比で軒並み2割以上の伸びとなったのである。バター不足発生前の2006年12月と発生後の2008年12月とを比較すると，国内のバター需要量は21％の減少，調製食用脂（乳脂肪率30％以上70％未満）輸入量は43％の減少に対して，調製食用脂（植物性油脂）輸入量は3％の増加であった[8]。充分実証されたとは言えないが，一連のバター不足を受けて，比較的安定した調達が可能な輸入の植物性油脂に国内の乳製品需要が浸食された可能性が考えられる。

第5節　小括

　国際乳製品市場は少数の特定国に供給者が限定されているため，従来から価格の変動が生じやすい性格を持っていた。その中で新興国の需要増加，そして飼料価格高騰による乳価上昇，干魃による生乳生産減少といった外生要因を受けて，国際乳製品価格の急騰が起こった。

　わが国はWTO発足による国際化対応のため，長らく継続してきた指定乳製品等の国家一元管理貿易制度を放棄した。そしてナチュラルチーズなど国内乳製品需給に影響の小さい品目については比較的低い関税率を設定しつつも，農畜産業振興機構（ALIC）輸入による国家関与の継続，用途を限定した関税割当制度の活用，そして指定乳製品等への高い二次関税率の維持によって，WTO体制の下でも国内生乳需給への影響を緩和してきたのである。だが，昨今の国際乳製品価格高騰により国内乳製品需給が逼迫する状況となった。これはわが国の生乳需給にとって輸入がもはや単なる補完的存在ではなく，需給に大きな作用を与えうる存在へと変化した証左であろう。国際価格の不安定な動きが今後も予測される中では，国内の乳製品市場や酪農家経営への影響を最小限にとどめていくことを目的とした新たな制度設計が求められていると言える。

（2010年1月執筆）

---

[8] 農林水産省牛乳乳製品課資料，「貿易統計」より。

【参考文献・資料】

[1] FAO〔2007〕"Food Outlook: Global Market Analysis–November 2007", 2007.
[2] USDA〔2007〕"Dairy: World Market and Trade–December 2007", 2007.
[3] 長谷川敦〔2008〕「乳製品の国際相場高騰と需給事情：乳製品貿易の脆弱性と鍵を握る国々の動向」『畜産の情報（海外編）』，2008年2月。
[4] 清水池義治〔2009〕「国際乳製品市場の動向と日本への影響」出村克彦・中谷朋昭編著『日豪FTA交渉と北海道酪農への影響』（酪総研選書No.88），デーリィマン社，pp.35－59，2009年。
[5] 矢坂雅充〔2009〕「乳価形成をめぐる諸問題と改革の方向性」『都市問題』第100巻第1号，2009年1月，pp.72－83。

補論2　農業資材価格の高騰と乳価問題

補論2　農業資材価格の高騰と乳価問題

第1節　本論の課題

　2007年から始まった世界的な食料・原油価格の高騰は，日本酪農に多大な影響を与えている。特に，輸入トウモロコシなどを原料とする配合飼料価格が急激に上昇し，生乳生産費は近年にない上昇を示した。一連の価格高騰は，購入飼料・輸入飼料へ依存する日本酪農の脆弱性を浮き彫りにしたと言えよう。酪農経営における収益性の顕著な低下を受けて，各種の緊急対策が実施されると同時に，乳価交渉の結果として2008年4月と翌2009年3月には取引乳価が大幅に引き上げられた。円単位での乳価引き上げは，実に30年ぶりのことである。

　本論の課題は，農業資材価格の高騰を受けた乳価交渉・乳価問題を主たる対象として，わが国の酪農乳業の直面する課題について考察することである。まず，配合飼料など農業資材の価格上昇が酪農経営に与えた影響を検討する。その後に，乳価値上げのプロセスと結果から見えてくる酪農乳業の課題を指摘したい。

第2節　農業資材価格の高騰と生乳生産費の上昇

　今回の農業資材価格高騰の背景にある食料・原油価格の急激な上昇は，2007年頃から生じた。その要因についてはすでに多方面からの論究があるので詳述はしないが，米国のバイオエタノール増産計画の発表やBRICsなど新興諸国の旺盛な需要拡大により世界的な食料・資源需給の構造的変化（＝中長期的な価格上昇傾向）が見込まれていた中，農産物輸出国の輸出規制・異常気象による生産減少を受けた市場の不安心理の高まり，そしてサブプライム・ローン問題による住宅ローン市場から食料・原油市場への投機資金の流入といった要因により価格上昇が増幅され，「危機」と形容されるほどの事態を招いたといった見方が一般的であ

る。新興諸国の需要は今後も増加すると見られ，食料・資源価格の上昇トレンドは中長期的に継続すると考えられる。

これによって肥料・燃油・包装材の価格が一定の時間差を伴って上昇したが，日本酪農へ特に大きな影響を及ぼしたのが飼料価格の高騰である。北海道・都府県酪農はともに輸入トウモロコシを主原料とする配合飼料に，そして都府県酪農は乾草など粗飼料も多くを輸入に依存している。2008年度輸入量をみると，飼料原料トウモロコシは1,163万t，乾草は194万tに達する[1]。これら飼料の購入費（＝「流通飼料費」）が生乳生産費全体に占める比率は4割近くに達しており[2]，日本酪農は購入飼料への依存度が大きいことが分かる。

図補2－1は，配合飼料価格と輸入乾草価格（CIF価格）の推移である。配合飼料は2007年初めから2008年末の2年間で2万円も価格が上昇した。2009年に入り下落したものの，2007年以前と比較すると依然として高い価格水準にある。輸入乾草の価格上昇は相対的に緩やかであったが，2008年夏に急激に上昇して同年9月にピーク（4万円/kg）に達した。配合飼

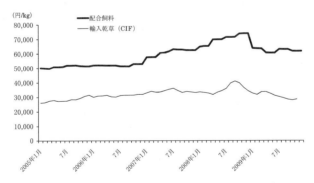

図補2－1　配合飼料・輸入乾草価格の推移（月別）

資料：「農業物価統計」（配合飼料），「貿易統計」（輸入乾草）より作成。
注：1）配合飼料は乳牛向け・バラ価格。2005年1月〜2009年12月。
　　2）輸入乾草はCIF価格。2005年1月〜2009年11月。
　　3）2007年6月以降の配合飼料価格は，2005年を基準とするため，その前のデータと連続性がない。

---
[1] 財務省「貿易統計」より。
[2] 支払利息・地代算入生産費に占める流通飼料費の比率。

料に関しては，価格上昇に際して酪農家の実質負担を軽減する配合飼料価格安定制度が存在する。だが，2007年からの価格上昇があまりにも急激かつ大幅だったため，各種補填後の実質値上げ額は2年間の累積で2万円を超え，実際価格の上昇分とほとんど同等となった。

表補2－1に生乳生産費の内訳と2006年度から3年間の変化を示した。2007年度は，支払利息・地代算入生産費で前年度比5.7％，費目内訳で見ると流通飼料費10.2％，光熱動力費6.3％，牧草・放牧・採草費5.2％の上昇であった。2008年度も若干数値は小さくなるものの，同様の傾向が継続している。流通飼料費は絶対額が最も大きく，なおかつ上昇率も最も高い費目のひとつである。よって，生乳生産費上昇に対する流通飼料費の寄与度は大きいと思われる。

表補2－1　生乳生産費の変化（全国・乳脂肪分3.5％換算乳量100kgあたり）

単位：円，％

	2006年度	2007年度	対前年度比	2008年度	対前年度比
物財費（A）	5,809	6,250	107.6	6,552	104.8
うち　流通飼料費	2,633	2,902	110.2	3,092	106.5
牧草・放牧・採草費	699	735	105.2	791	107.6
光熱動力費	222	236	106.3	246	104.2
乳牛償却費	1,036	1,058	102.1	1,073	101.4
労働費（B）	1,911	1,865	97.6	1,831	98.2
費用合計（C＝A+B）	7,720	8,115	105.1	8,383	103.3
副産物価格（D）	776	768	99.0	675	87.9
生産費（E＝C−D）	6,944	7,347	105.8	7,708	104.9
支払利息・地代（F）	129	126	97.7	125	99.2
支払利息・地代算入生産費（G＝E+F）	7,073	7,473	105.7	7,833	104.8
自己資本利子・自作地地代（H）	377	380	100.8	358	94.2
全算入生産費（I＝G+H）	7,450	7,853	105.4	8,191	104.3

資料：「畜産物生産費」より作成。
注：物財費の内訳は主要項目のみで，加算しても物財費合計と一致しない。

第3節　酪農経営の悪化と乳価交渉

生乳生産費の上昇を受けて，2008年度乳価交渉は例年より早い11月頃から前倒しで開始された。都府県では同年12月に飲用乳向け3円/kgの値上げが決定，2008年4月から実施された。北海道では2008年1月に値上げ

で妥結,加工原料乳5円/kg・チーズ原料乳ハード系10円/kg・飲用乳向け3円/kgほどの値上げとなり,プール乳価では5.1円/kgの値上げが年度明けの2008年4月からおこなわれた。約30年ぶりに円単位の乳価値上げが決定・実施されたものの,飼料価格の高騰は止まらず,各指定生乳生産者団体(指定団体)は早くも2008年10月の再値上げを目指して交渉を再スタートさせた。しかし,交渉は難航し,10月にまず都府県で,11月になって北海道でも乳価再値上げで妥結した。都府県・北海道ともに乳価値上げは2009年3月に実施され,これもおよそ30年ぶりに年度内の再値上げとなった。値上げ額は,都府県の飲用乳向け10円/kg,北海道の加工原料乳4円/kg・チーズ原料乳ハード系4円/kg・飲用乳向け10円/kgなどで,プール乳価5.3円/kgである。

　これら取引乳価の引き上げ,ならびに加工原料乳生産者補給金の引き上げ・上積み,経営安定対策などの政策的補填により,2008年4月に都府県で約6円,北海道で約6円,2009年3月には都府県で約4円,北海道で約5円ほど酪農家手取り価格が上昇したと見られる[3]。問題は,この手取り上昇が生乳生産費の上昇分をカバーできたのかである。**図補2－2**は,搾乳牛1頭あたりの「家族労働報酬」である。家族労働報酬は「粗収益」と「家族労働費」の和であり,酪農家自身の労働に帰属する報酬を意味している。これによると,1頭あたり家族労働報酬は2007年以前の段階で経費上昇や計画生産・過剰在庫対策により低下を始めているが,2007年は一挙に前年の半分以下の6万円にまで激減した。粗収益だけを見ると,実に1頭あたり9万円のマイナスである。2008年には乳価値上げもあって,12万円程度まで回復した。しかし,この水準は酪農経営にとって悪条件下にあった計画減産時の2006年水準に回帰したにすぎず,酪農経営は依然として厳しい状況にあることが示唆される。つまり,酪農経営を好転させるほどには,酪農家手取り価格は上昇していないのである。

---

[3] 2009年3月の都府県における手取り上昇が4円程度にとどまっているのは,取引乳価はプール乳価換算で7円程度上昇したものの,緊急対策で実施されていた約3円の政府支給が停止されたためである。このように実際の手取りは用途別乳価ほどには増えていない。全国酪農協会資料,2010年1月より。

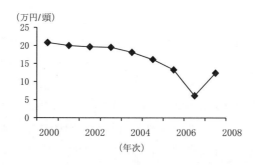

図補2－2 搾乳牛1頭あたり家族労働報酬の推移（全国）
資料：「牛乳生産費」より作成。
注：「家族労働報酬」＝「粗収益」＋「家族労働費」。

　酪農経営の収益性低下に伴い，酪農家戸数の減少スピードが増している。**表補2－2**に酪農家戸数の推移を示した。最近3カ年(2007～2009年)の対前年比減少率平均は，都府県で5.5％，北海道で2.9％である。これは2006年以前の3カ年平均より高く，2007年以降，酪農家戸数の減少がより進んでいると考えられる。特に，2009年の都府県での減少率は6.7％と近年にない減少幅を示しており，生乳生産基盤の劣化が懸念される。

表補2－2　酪農家戸数の推移

単位：戸, ％

年次	全国	対前年比	都府県	対前年比	北海道	対前年比
2000	33,600	―	23,700	―	9,950	―
2001	32,200	▲ 4.2	22,500	▲ 5.1	9,640	▲ 3.1
2002	31,000	▲ 3.7	21,600	▲ 4.0	9,400	▲ 2.5
2003	29,800	▲ 3.9	20,600	▲ 4.6	9,200	▲ 2.1
2004	28,800	▲ 3.4	19,800	▲ 3.9	9,030	▲ 1.8
2005	27,700	▲ 3.8	18,800	▲ 5.1	8,830	▲ 2.2
2006	26,600	▲ 4.0	18,000	▲ 4.3	8,590	▲ 2.7
2007	25,400	▲ 4.5	17,100	▲ 5.0	8,310	▲ 3.3
2008	24,400	▲ 3.9	16,300	▲ 4.7	8,090	▲ 2.6
2009	23,100	▲ 5.3	15,200	▲ 6.7	7,860	▲ 2.8

資料：「畜産統計」，「乳用牛飼養戸数・頭数累年統計」より作成。

第4節　乳価問題から見える酪農乳業の課題

　一連の乳価値上げプロセスと結果からわが国の酪農乳業の課題として，以下の3点を指摘できる。

　第1に，現行の酪農関連制度が酪農経営のセーフティネットとして有効に機能していないことである。現行の制度的セーフティネットには，配合飼料価格安定制度と不足払い制度（補給金制度）がある。しかし，前者の配合飼料価格安定制度は長期的かつ持続的な価格上昇を想定した制度ではなく，今回の事態で酪農経営を支える制度としてその限界性が露呈した。不足払い制度も，現在の補給金単価算定基準では酪農経営を支持する機能は十全に果たせないことが明らかになった。酪農経営に係わるリスクの全てを政策でヘッジする必要はないが，全国の各地域に根ざした持続的な酪農経営を保証する必要最低限の制度としても現行制度は心許ない。2010年度から水稲を対象に戸別所得補償モデル対策が開始され，酪農版の戸別所得補償制度も早晩議論の俎上に載せられるはずである。算定対象はプール乳価か用途別乳価か，販売価格と生産費は全国一律か否か，計画生産参加者のみを対象とするか，指定団体制度との整合性，不足払い制度の対象用途を加工原料乳から拡大すべきかなど，検討を要する事項は多い。特に考慮されるべきなのが，政策対象を生乳市場だけでなく，乳製品市場をも対象とするかどうかである。欧米諸国では乳製品市場への政府介入制度の存在が一般的であり，EUではその制度が根幹となっている。販売価格と生産費の乖離に対して不足払いするだけでは，その乖離が拡大した場合に歯止めが効かず，際限なく財政支出が拡大しかねない。そういった意味では，乳製品市場への介入を基礎にして乳価を適正水準に支持するという2000年改正以前の不足払い制度が極めて合理的な制度であったことが分かる。生産抑制的な計画生産が酪農経営に与えてきたデメリットを考えると，再考する価値のある政策手法である。この点が，次に述べる価格を通じた需給調整との関係で重要となろう。

第2として，価格を通じた需給調整の検討である。従来の量的調整のみの需給調整ではなく，一定の価格変動を通じた需給調整の可能性は，矢坂〔2009〕などで主張されている。これまでのわが国における需給調整は，乳価・牛乳乳製品価格の安定を目的とし，数量調整を主要手段として実施されてきた。しかし，国際的な食料需給・乳製品需給がダイレクトに国内の生乳需給に影響を及ぼす構造が歴然となった現在，乳価・牛乳乳製品価格が一定の幅で変動することを前提とした需給調整手法が検討される必要がある。その場合，価格変動要因が生じて実際に価格が変動するまでのタイムラグの短縮が課題となる。その点で注目されるのが，2009年10月に実施されたホクレンのチーズ原料乳価引き下げである。引き下げ要因は，チーズ原料乳価の指標価格である輸入チーズ価格の下落，需給緩和に対応した戦略的な乳価引き下げが考えられる。輸入チーズ価格の下落に間髪を入れず乳価引き下げに踏み切ったことは，生乳生産者団体にとっての短期的な利益に拘泥することなく，乳業の販売ロス軽減を企図した意欲的な取り組みとして評価できる。垂直提携という行動基準を加えることで，指定団体の生乳共販は従来までは得られなかった共販メリットを享受できる可能性がある。ただし，価格調整を通じた需給調整で指定団体がメリットを得るためには，指定団体が戦略的な価格設定能力をもつことが前提条件である。そのためには広域指定団体が有する機能とその問題点の洗い出しが急務となろう。

　第3に，価格転嫁の困難さである。図補2－3にて，牛乳の消費者物価指数と卸売物価指数とを比較した。注目すべきは2指数の乖離である。まず，2008年4月の乳価3円値上げを受けて，2指数はともに同程度上昇している。これは乳業資本から小売業への納入価格，小売店での店頭価格がともに同程度の比率で上昇していることを表しており，おおむね川下までスムースな価格転嫁がなされたと評価できる。次に，2009年3月における10円再値上げの場合である。卸売物価指数は前回の値上げ時と同程度上昇し，その後には若干低下したものの，納入価格への転嫁は奏功したと言える。一方，消費者物価指数は前回より上昇幅が小さくな

補論2　農業資材価格の高騰と乳価問題

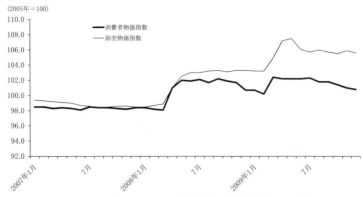

図補2－3　牛乳の消費者物価指数と卸売物価指数の推移
資料：「消費者物価指数」,「国内企業物価指数」より作成.
注：1）消費者物価指数は店頭価格.
　　2）ともに2005年＝100とした指数.

り，2008年後期の指数低下分を埋め合わせた程度である．つまり，小売価格は前回の値上げの際とほぼ同水準に留まり，さらには2009年後期には再び小売価格の低下が認められる．よって，再値上げの際の価格転嫁は乳業資本から小売業までしかなされず，小売業の牛乳販売に係わるマージンが減少していることが推察できる．この理由は，景気後退を受けて小売価格の引き上げがより困難になったためと思われる．幅広い消費者層への牛乳乳製品供給を考慮すると，酪農家の負担増加分を小売価格まで単純に転嫁しさえすれば，全ての問題が解決するわけではない．牛乳は一見すると製品としてコモディティ化（＝同質化）し，価格競争の泥沼に落ち込んでいるように見える．しかし，近年の成分調整牛乳の伸長は，一定の問題を孕んでいるが，アイディアと工夫次第で牛乳に新しい製品カテゴリーを付加して新たな消費者層を獲得できることを示した．日本の牛乳乳製品市場で，牛乳の地位は依然として大きい．酪農・乳業間の連携強化によって，牛乳の製品カテゴリーを多様化かつ重層化する余地はまだあるのではないか．価格転嫁の困難さは，単に価格交渉力の強化のみで解決されるものではなく，こういった広い視野で解決されるべきものと考える．

第5節　小括

　今回の飼料価格高騰による「酪農危機」によって，わが国の酪農乳業に関する様々な問題が明らかになった。そして，明らかになった問題は深刻であり，従来の政策・制度・需給調整・生乳取引の直接的延長線上に，その明確な解決策を見出し得ないというのが酪農乳業関係者の共通理解になりつつあると言える。

　都府県における生乳生産基盤の劣化は著しく，このまま放置すれば北海道酪農の比重がさらに高まると思われる。仮に持続的な酪農経営を支えるための所得補償制度を導入するならば，それは全国の各地域に酪農が存立する意味と意義について国民的理解を得なければならない。わが国の酪農乳業は広域化・集中化といった方向軸で発展を遂げてきたが，これからは地域性といった方向軸を加えた発展の姿と可能性を模索する時期にさしかかってきているのではないだろうか。

（2010年2月執筆）

【参考文献・資料】

［１］　鈴木宣弘〔2008〕『現代の食料・農業問題——誤解から打開へ——』創森社，2008年。
［２］　小林信一編著〔2009〕『日本酪農への提言——持続可能な発展のために——』筑波書房，2009年。
［３］　矢坂雅充〔2009〕「乳価形成をめぐる諸問題と改革の方向性」『都市問題』第100巻第1号，2009年1月，pp.72-83。

補論 3　酪農分野における TPP 影響試算の考察

補論3　酪農分野におけるTPP影響試算の考察[1]

第1節　本論の課題

　2013年7月，日本は，環太平洋パートナーシップ協定（以下，TPP）交渉に正式に参加した。TPPは多岐にわたる交渉分野を有するが，日本国内の議論で，特に耳目を集めている分野のひとつが農業に関する「物品市場アクセス」，すなわち関税に関する事項である。

　ところで，これまで様々な政府機関・研究機関・経済団体・研究者から，TPP参加に伴う経済効果に関する種々の試算が公表され，TPPの是非に関わる議論の根拠として用いられてきた。これらの試算をめぐっては，分析手法や影響波及の範囲，前提条件である国内生産減少額の妥当性が議論されており，各試算の過小評価，あるいは過大評価の可能性が指摘されている[2]。特に，国内生産減少額の推定や関税撤廃に伴う品目転換シナリオの設定は試算結果を直接的に左右するが，これら前提条件の妥当性評価は一般的な指摘にとどまっている場合が多く，個別品目・産業を対象とした具体的な検討はあまりなされていない。

　そこで，本論の課題は，酪農分野を対象として，TPP影響試算の前提条件である国内生産減少額および品目転換シナリオの妥当性を検討することである。具体的には，関税撤廃による国産乳製品から輸入乳製品への需要シフトの可能性，ならびに国産乳製品の消滅を受けて北海道酪農が飲用乳向け原料乳生産へ特化する可能性を考察する。なお，多数のTPP影響試算が存在するが，本論では主として政府試算を分析対象とする。

　以上の課題を明らかにするために，まず，各TPP影響試算における酪農分野への影響を検討する。次に，TPP締結で予測される国産乳製品の輸入乳製品への需要シフト・シナリオの是非を考察した後，北海道酪農

---
[1] 本論は，清水池義治「北海道酪農における飲用乳特化の可能性と生乳市場の展望─酪農分野におけるTPP影響試算の考察─」『フロンティア農業経済研究』第18巻第2号，2014年12月の内容を一部加筆・修正したものである。
[2] 例えば，各政府試算の問題点を指摘したものとして，石田〔2013〕や鈴木〔2011〕，原田・東京財団〔2013〕，山下〔2012〕がある。

が飲用乳向け原料乳の生産に特化する可能性を論じたい。

第2節　TPP影響試算における酪農分野への影響

　表補3－1に，酪農分野における既存の主なTPP影響試算の概要を示した。「農林水産省2010」は農林水産省〔2010〕，「内閣官房2010」は内閣官房〔2010〕，「鈴木2011」は〔2011〕，「北海道農政部2013」は北海道農政部〔2013〕，「政府統一2013」は内閣官房〔2013〕，「TPP大学教員の会2013」はTPP参加交渉からの即時脱退を求める大学教員の会〔2013〕

表補3－1　酪農分野におけるTPP影響試算の比較

試算名	分析手法	輸入置き換え	残存する国産品	都府県への移出	影響額等	備考
農林水産省2010	積み上げ	バター・脱脂粉乳・チーズの全量	飲用乳（8割）・生クリーム等	北海道からの飲用乳移出拡大で，都府県の飲用乳生産は大部分が北海道産に置き換わる。中国からの飲用乳輸入で，国産の2割が置き換わる。	生乳生産額4,500億円減	
内閣官房2010	GTAP	―	―	―	乳製品生産量2.95%減	
鈴木2011	GTAP	―	―	―	乳製品生産量4.23%減	内閣官房2010より輸入代替係数上昇。
北海道農政部2013	積み上げ，産業連関分析	バター・脱脂粉乳・チーズの全量	飲用乳・生クリーム等	北海道からの移出拡大なし。	影響額合計（農業産出額・関連産業・地域経済）7,123億円	北海道の酪農分野のみの影響額。
政府統一2013	GTAP	バター・脱脂粉乳・チーズの全量	飲用乳・生クリーム等	北海道からの飲用乳移出拡大で，都府県の飲用乳生産は大部分が北海道産に置き換わる。	生乳生産額2,900億円減	農水産物の生産減少額は農林水産省の独自試算を利用。
TPP大学教員の会2013	積み上げ	バター・脱脂粉乳・チーズの全量	飲用乳・生クリーム等	北海道からの飲用乳移出拡大で，都府県の飲用乳生産は大部分が北海道産に置き換わる。	乳用牛（生乳含む）生産額ベース3,189億円減，所得ベース460億円減	都道府県別・品目別の生産額・所得への影響を分析。推計値は政府統一2013の数値を利用。

資料：農林水産省〔2010〕，内閣官房〔2010〕，鈴木〔2011〕，北海道農政部〔2013〕，内閣官房〔2013〕，TPP参加交渉からの即時脱退を求める大学教員の会〔2013〕より作成。
注：内閣官房2010の影響額は，鈴木〔2011〕の図1より引用。

に，それぞれもとづいている。

　影響額・数値が生乳生産額，あるいは乳製品生産量減少率と異なるため，安易な比較はできないが，農林水産省2010と北海道農政部2013，政府統一2013，TPP大学教員の会2013では比較的大きい影響額が出ているのに対して，GTAP分析による内閣官房2010および鈴木2011では相対的に小さい影響となっている。なお，農林水産省2010および政府統一2013における生乳生産額の減少額4,500億円，2,900億円は，全国生乳生産額（「生産農業所得統計」）の3カ年（2009〜2011年度）平均値である6,814億円を分母とすると，それぞれ66％，43％となり，大きな減少額と言える。

　各試算における前提条件・シナリオの特徴は以下の通りである。

　第1に，バター・脱脂粉乳・チーズは全量輸入乳製品に置き換わるという前提条件は，各試算で共通している。

　第2として，飲用乳と生クリーム等はそのまま残存するという前提条件も，各試算でほぼ共通である。ただし，飲用乳輸入により飲用乳の2割が置き換わるとしている農林水産省2010を除く。

　第3に，国産乳製品生産の消滅により北海道から都府県へ飲用乳移出が拡大する結果，都府県の飲用乳の大部分が北海道産に置き換わるというシナリオが一部試算で存在する（農林水産省 2010，内閣官房 2013，TPP大学教員の会 2013）。それに対して，北海道農政部2013は，国産乳製品の生産が減少しても北海道から都府県への飲用乳移出は拡大しないとしている。

第3節　国産乳製品から輸入乳製品への需要シフトの可能性

1．乳製品輸入の現状と関税率

　本節では，既存試算で想定されている国産乳製品から輸入乳製品への需要シフトの可能性を検討する。

　2012年度現在，牛乳乳製品の自給率は65％（農林水産省「食料需給表」）であり，国内需要の約3分の1が輸入によって賄われている。**図補3－1**

補論3　酪農分野におけるTPP影響試算の考察

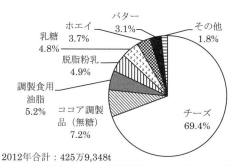

2012年合計：425万9,348t

図補3－1　乳製品輸入量の内訳（生乳換算，2012年）

資料：財務省「貿易統計」より作成。
注：1）生乳換算率は，農林水産省牛乳乳製品課の推計値。
　　2）農畜産業振興機構による輸入を含む。

に生乳換算した乳製品輸入量の品目別内訳を示した。チーズが69.4％と突出して高く，ココア調製品（無糖）7.2％，調製食用油脂5.2％と続く。近年，チーズの輸入量は増加傾向にあるが，他の品目は概ね横ばいである。バター・脱脂粉乳は年度による変動が大きく，2012年度はそれぞれ3.1％，4.9％を占める。

　日本の乳製品関税率は，限られた少数品目については非常に高く，それ以外は低いという特徴を有する。バター・脱脂粉乳の関税率は，一部の関税割当対象を除いて非常に高い。2012年の関税率はそれぞれ29.8％＋985円／kg，21.3％＋396円／kgで，2012年度平均CIF価格（運賃・保険料込価格，財務省「貿易統計」）から実質関税率を求めると479％，264％となる。バター・脱脂粉乳は，高関税率のため，輸入はカレントアクセスや需給逼迫時の緊急輸入に限定され，これら2品目の自給率は8割台である。

　一方，その他品目の関税率は，ナチュラルチーズ29.8％，ココア調製品（無糖）21.3％，調製食用油脂25％，乳糖8.5％，ホエイは最高でも10％である。これらの国内需要の大宗は輸入が占め，自給率はすでに低い。なお，ココア調製品と調製食用油脂はそれぞれバター，脱脂粉乳とその他の非乳製品との混合品であり，関税率の高いバター・脱脂粉乳の代替品という性格が強い。

2. 乳製品の内外価格差

 表補3－2は，2012年度までの直近5カ年間における乳製品の内外価格差である。脱脂粉乳とバターはCIF価格と国内価格，ナチュラルチーズはCIF価格から求めた乳価換算価格と，国内乳価の比較である。これによると，価格差はバターが最も大きく2.7倍，次に脱脂粉乳の2.2倍，ナチュラルチーズの1.6倍となっている。

 3品目とも国産と輸入品との価格差は大きく，既存試算のように品質格差がないと仮定すると，需要シフトの可能性は高いと言える。

表補3－2　乳製品の内外価格差（2008～2012年度5カ年平均）

単位：円/kg，倍

	輸入価格	国内価格	内外価格差
脱脂粉乳	278.6	599.8	2.2
バター	420.8	1,126.2	2.7
ナチュラルチーズ（乳価）	31.7	50.6	1.6

資料：財務省「貿易統計」，農畜産業振興機構ホームページ，ホクレン「北海道指定生乳生産者団体情報」より作成。
注：1）脱脂粉乳・バターの輸入価格はCIF価格。CIF価格は日本着価格で，品目ごとの平均価格を使用。
　　2）ナチュラルチーズの輸入価格は，CIF価格から乳価換算価格を求めた。乳価換算価格＝CIF*0.75（原料乳費率）/10（生乳換算率）。
　　3）脱脂粉乳とバターの国内価格は，大口需要者価格。
　　4）ナチュラルチーズの国内価格は，ホクレンのゴーダ・チェダー向けチーズ乳価。

3. 乳製品の消費用途と品質・規格の差異

 本項では，乳製品の需要構造と，国産と輸入品との間の品質・規格の違いについて品目別に考察する。表補3－3に，2010年度の乳製品の品目別消費用途を示した。

1) バター

 バターの消費用途（輸入含む）は，小売業が22.5％で家庭向けが乳製品としては多いが，残りの8割弱は業務向けであり，菓子・デザート類12.3％，乳等主要原料食品（表補3－3の注参照）11.1％となっている。
 輸入バターの大部分は，20kg規格の冷凍バラバターである。輸入バラバターと，200g規格の家庭用チルドバターおよび450g～1kg規格の菓子・デザート用途のプリント・シートバターは，輸入バターの関税率が低関

表補3－3　乳製品の品目別消費用途（2010年度）

単位：t，kℓ（クリーム・脱脂濃縮乳）

	消費用途						消費量合計
	1位		2位		3位		
バター	小売業	22.5%	菓子・デザート類	12.3%	乳等主要原料食品	11.1%	83,900
脱脂粉乳	発酵乳・乳酸菌飲料	42.1%	乳飲料	11.3%	飲料	8.8%	160,900
国産ナチュラルチーズ	プロセスチーズ原料	59.3%	小売業	21.5%	外食・ホテル	6.7%	46,200
国産プロセスチーズ	小売業	66.9%	外食・ホテル	20.2%	その他	8.2%	107,200
クリーム	菓子・デザート類	26.3%	発酵乳・乳酸菌飲料	19.3%	アイスクリーム類	17.7%	108,000
脱脂濃縮乳	発酵乳・乳酸菌飲料	49.6%	乳飲料	21.3%	飲料	13.4%	253,000

資料：農畜産業振興機構「平成21年度主要乳製品流通実態調査」より作成。
注：1）バターと脱脂粉乳の消費量には輸入品を含む。
　　2）「乳等主要原料食品」とは，乳成分から構成される食品だが，乳等省令上の定義に該当しない乳製品を指す。例えば，無脂乳固形分6.0％未満のフルーツヨーグルトなど。

税枠[3]の35%だったとしてもコスト面で代替性がないとされる[4]。また，オセアニア産の輸入バターは国産プリントバターと比較して，展延性・風味が劣るとの指摘もあり[5]，伸びや風味を重視する用途の場合，代替性を制約する可能性がある。

　よって，現在の輸入バターの品質・規格は，国産バター需要者の要望を完全に充足するわけではないと言える。

2）脱脂粉乳

　脱脂粉乳の消費用途（輸入を含む）は，発酵乳（ヨーグルト）・乳酸菌飲料が42.1％と突出していて，乳飲料11.3％，飲料8.8％と続く。ほぼ全てが業務向けである。また，消費量の約3割が，脱脂粉乳を製造した乳業メーカーにより社内消費されている（農畜産業振興機構「平成22年度主要乳製品流通実態調査」，2011年）。

　脱脂粉乳には製造時の熱処理温度帯で，ハイヒート（HH），ミディアムヒート（MH），ローヒート（LH）の規格がある。LHは細菌数が多いため，輸入脱脂粉乳はHHとMHが大半である。しかし，消費用途の4割

---
[3] WTO協定にもとづくカレントアクセスや，需給逼迫時に農林水産大臣が承認して行う緊急輸入の場合は低関税率が適用される。
[4] 大手乳業メーカーへの聞き取り調査より。バターの規格・代替性については，清水池〔2008〕pp. 78－79，p. 82を参照。
[5] 大手乳業メーカー資料より。この品質の違いは，上野川〔1996〕pp. 155－160や藤田〔2000〕pp. 198－199を参照すると，製造工程と，製造からの経過時間の差に由来すると思われるが，明確な理由は不明である。

程度を占めるヨーグルトはLHを原料とした方が，粘度があり，組織が滑らかになるとされている。また，輸入品は，国産と比較して溶解度が劣ると指摘されている[6]。

現在の輸入脱脂粉乳は，特に，消費用途の多いヨーグルト原料としては課題があると思われる。

3）ナチュラルチーズ

国産ナチュラルチーズ消費用途は，プロセスチーズ原料59.3%，小売21.5%，外食・ホテル6.7%であり，プロセスチーズ原料用途が半分以上を占める。

バター・脱脂粉乳と異なり，ナチュラルチーズはすでに自給率は2割以下で輸入が大宗を占め，輸入品は広く浸透している。国産の代替品として使用する際に考慮される輸入品の品質・規格の問題は，前述の2品目と比較して少ないと思われる。

従来から実施されてきた国産チーズ振興策は国際化対策の意味合いが強い。チーズ乳価は輸入均衡価格を意識して設定され，内外価格差は比較的小さい（表補3－2，清水池〔2008〕p.52－54，清水池〔2012〕pp.3－5）。TPP締結後でも，乳価をある程度の水準に引き下げれば，国産が残存する可能性がある。また，仮に関税撤廃となれば，輸入チーズとの対抗上，北海道でチーズ工場への大規模投資を行った大手乳業資本からのチーズ向け乳価引き下げ要望は強いとも考えられる（各社70～120億円の投資額，本書p.50）。

4）クリーム，脱脂濃縮乳

クリーム消費の用途は，菓子・デザート26.3%，発酵乳・乳酸菌飲料19.3%，アイスクリーム類17.7%となっている。脱脂濃縮乳では，発酵乳・乳酸菌飲料49.6%，乳飲料21.3%，飲料13.4%の順で，発酵乳・乳酸菌飲料が半分を占める。

---

[6] 大手乳業メーカー資料より。ヨーグルト原料については，上野川〔1996〕pp.167-170を参照。

クリーム・脱脂濃縮乳は生鮮品のため，関税が撤廃されても，そのまま輸入に置き換わる可能性は低いと指摘できる。既存の各種試算の前提条件で，関税撤廃後も生クリーム等が残存するとされた根拠がこれである。しかし，クリーム・脱脂濃縮乳は，1990年代以降，バター・脱脂粉乳との代替性の高さが注目され，価格メリットを通じて需要が創出，増産されてきた経緯がある（本書pp.83-84）。特に，発酵乳・乳飲料用途の脱脂粉乳と，脱脂濃縮乳との代替性は高いとされる。安価なバター・脱脂粉乳が輸入可能になった場合，クリーム・脱脂濃縮乳の一部が輸入品に置き換わる可能性は否定できないと思われる。

4．輸入乳製品への需要シフトの可能性

これらの分析から，乳製品の内外価格差は大きいうえに，原料用途が多く，それらの点で需要シフトの可能性は高いと言える。また，各試算では，輸入に置き換わらないとされていたクリーム・脱脂濃縮乳は，脱脂粉乳・バターとの代替性の高さから，一部が輸入品に置き換わる可能性を否定できない。だが，国産と輸入との間に，消費用途に応じた品質格差，規格の違いが一定程度は存在することも確認された。よって，現在輸入されている乳製品の品質および規格は，ただちに全ての国産乳製品と代替できる性質を有するわけではないと言える。

そのうえで，輸入乳製品への需要シフトに影響を及ぼす3つの点を指摘する。

第1に，関税撤廃後の乳製品向け国内乳価の水準である。国内乳価と輸入価格との差が縮小すれば，需要シフトの程度は小さくなる。既述のように，チーズは国内乳価と輸入価格との価格差が相対的に小さいため，他の乳製品と比較して残存する可能性が高いと言える。

第2に，乳製品需要者の国産志向の強さである。製品コンセプトや差別化，消費者選好の側面で，国産乳原料を志向する需要者は一定数存在すると思われる。こういった層は価格条件だけで行動するわけでは必ずしもないので，国産志向層の大小は需要シフトの程度に影響を与えると

予想される。

　第3として，海外の乳業資本の対応である。海外資本が，日本向けの品質・規格に対応した乳製品製造を行えば，国産との代替可能性は高まる。現状の国内乳製品生産量を海外資本が代替を狙う日本の乳製品市場規模とみなし，TPP参加・参加交渉国のうち主要乳製品輸出国であるニュージーランド・豪州・米国の輸出量合計と，国内生産量を比較すると，国内生産量は輸出量合計に対して，バターで13％，脱脂粉乳で18％，チーズで7％であった[7]。これは，主要国の輸出量に比して日本の国内生産量は小さいため，海外資本が部分的対応にとどまったとしても日本市場にとって脅威になりうることを意味する。

　ただし，近年，輸出国での生産不安定化や新興国の需要増加により，中期的な乳製品需給の逼迫，ならびに価格上昇が予想されている。これらの事態は，輸出国の輸出余力の低下と内外価格差の縮小を意味しており，既存試算における輸入乳製品への需要シフト想定が過大となる可能性を示唆していよう。

第4節　北海道酪農における飲用乳生産特化の可能性

1．飲用乳生産の地域別状況

　本節では，輸入増加による国産乳製品の消滅を受けて，北海道酪農が飲用乳向け原料乳生産へ特化する可能性を考察する。

　まず，飲用牛乳等[8]の地域別生産量シェアは，2012年現在で北海道が15％，それ以外の都府県が85％である（「牛乳乳製品統計」）。都府県の内訳は関東30％，近畿12％，東海と九州がともに10％となっている。なお，同年の飲用牛乳等生産量は全国で約359万kℓである。北海道での生産はわずかであり，人口の多い大消費地周辺に牛乳工場が立地し，牛乳生産の

---

[7] 日本は農林水産省「牛乳乳製品統計」「チーズの需給表」，他国はUSDA, "Dairy : World Markets and Trade"の数値を用いた。2007年度から2011年度までの5カ年平均値で比較した。ただし，日本は年度，それ以外は米農業年度での算出である。また，日本のチーズ生産量はナチュラルチーズの数値を用いた。
[8] 飲用牛乳等とは，牛乳・成分調整牛乳・加工乳を指す（「牛乳乳製品統計」より）。

行われている傾向が確認できる。

　毎年，北海道から牛乳向け生乳が30万t程度移出されていることを踏まえても，牛乳製造における北海道産生乳への依存度はさほど高くないと言える。

2．北海道産飲用乳の移出拡大の可能性
1）飲用乳移出の方法

　北海道から飲用乳を移出する方法は以下の2つが考えられる。1つは北海道から生乳のまま移出して都府県の工場で処理する方法（以下「生乳移出」），いま1つは北海道の工場で処理して製品を都府県へ移出する方法（以下「道内パック」）である。

　北海道からの飲用乳移出の現状（ホクレン販売分に限る）を確認すると，2012年度で「生乳移出」31.6万t，「道内パック」24.2万t，合計55.8万tで，ホクレン販売量全体の14.6％を占めている（ホクレン「北海道指定生乳生産者団体情報」）。「道内パック」は近年，概ね横ばいで推移しているが，「生乳移出」は2000年代前半の約50万tをピークに減少傾向にある。生乳生産量が低下し，牛乳消費量が最も多くなる9月に全国的に需給が最も逼迫するため，9月が年間最大の飲用乳移出月になることが多い。

　表補3－4は，2012年度のホクレンによる生乳移出の概要である。なお，これは「生乳移出」に関する数値のみである。ホクレンによる生乳移出は，全農への再委託販売という形態で行われる。移出先は，関東地区48％，関西地区40％，中京地区12％であり，半分が関東である。移出

表補3－4　ホクレンによる生乳移出の概要（2012年度）

移出先	関東48％，関西40％，中京12％
移出手段	ほくれん丸（2隻）46％，フェリー51％，JR3％
主な移出ルート	関東：（ほくれん丸）釧路港→日立港 関西・中京：（フェリー）小樽港・苫小牧港→舞鶴港・敦賀港 関西：（JR）新富士駅（釧路）→大阪・梅田
都府県工場処理までの時間	関東：おおむね48時間以内，関西：48時間～72時間以内
移出コスト	20.80円/kg

資料：ホクレン「北海道指定生乳生産者団体情報」，ホクレン酪農部資料より作成。
注：移出コストは道外移出生乳1kgあたりで，ホクレン「指定団体情報」に記載のある共販控除経費の数値。

手段は，移出量シェアで示すと，専用船「ほくれん丸」（2隻体制）46%，フェリー51%，JR3%となっている。関東向けはほぼ，ほくれん丸による移出である。

北海道で搾乳されてから都府県工場で処理されるまでの時間は，関東で48時間以内，関西で48〜72時間以内であり，搾乳から処理までのタイムリミットとされる72時間以内に処理が完了している。現在では，北海道内のどの地域で生産された生乳でも，上記の時間内で移出可能となっている。

2012年度の生乳移出コストは，移出生乳1kgあたり20.80円/kgである（ホクレン前掲資料）。

2）都府県への飲用乳移出拡大の可能性

それでは，関税撤廃の結果，北海道酪農が飲用乳生産に特化し，全国の飲用乳需要を充足できるかを検討する。本論では，飲用乳を「牛乳乳製品統計」における牛乳等とする。牛乳等は，牛乳・成分調整牛乳・加工乳・乳飲料・発酵乳・乳酸菌飲料の総称である。2012年度の牛乳等向け需要量全国合計は約400万tであり，北海道の生乳生産量393万tとほぼ合致する。

北海道酪農が飲用乳向け生産に特化する場合は2ケースが想定できる。第1は，「道内パック」の拡大であり，具体的には北海道内の飲用乳工場増強や都府県からの工場移転が考えられる。第2は，「生乳移出」の拡大であり，飲用乳工場の配置は現状を維持したままで北海道からの生乳移出を拡大するという方法である。

（1）北海道への飲用乳工場の移転・増強

初めに，「道内パック」拡大だが，2012年度現在，道内で処理されている牛乳等向け生乳処理量[9]はおよそ50万tである。これを400万tまで増やせ

---

[9] ホクレンの用途区分で言うと，飲用乳向け（道内），全農移出分を除く飲用乳向け（道外），集団飲用乳向け，成分調整牛乳向け，発酵乳等向けの合計である。

るかだが，結論から述べると北海道における大幅な処理能力の増強は困難と考えられる。

その理由は，第1に，工場の消費地立地の優位性である。例えば，牛乳等の大半を占める牛乳の賞味期限は製造から2〜3週間以内程度であり，流通・販売期間を考えると，大消費地近郊の工場での製造が有利と思われる。第2として，牛乳は需要減少に加え特売品目として位置づけられることが多い結果，低収益品目であるため，乳業資本にとって工場新設や増強といった大規模な新規投資はリスクが大きいと指摘できる。

工場の増強・移転が行われない場合，現状能力では，過去最大の月間移出実績2.3万t（2002年9月実績，ホクレン酪農部資料）から年間推計値を求めると約28万tとなり，数万t程度の上乗せにとどまることになる。

(2) 都府県への生乳移出拡大

続いて，「生乳移出」の拡大を検討する。牛乳等向け全国需要量400万tから，2012年度の「道内パック」「生乳移出」の合計50万tを差し引いた，生乳350万tの移出は可能であろうか。

現状能力は，過去最大の月間実績7.1万t（2003年9月実績，ホクレン酪農部資料）から年間推計値を求めると，およそ85万tである。別の推計方法も示すと，ホクレン酪農部ヒアリングによると，現在の最大移出可能量は月間6万t程度であり，その場合は年間72万tが最大値となる。どちらの場合も350万tとはかなりの乖離がある。

よって，350万t分の生乳を移出するためには，移出手段の大幅な増強が求められる。最も需要の多い9月の牛乳等向け需要量は，道内消費を除くと約32万tであり，この量を移出する必要がある。現状の月間移出可能量を6万tとした場合，表補3－4より，ほくれん丸を除くフェリーおよびJRの移送可能量を月間3万tとすると，残りの29万tをほくれん丸で移出すると想定する。ほくれん丸1隻あたり月間移出可能量を1.6万t[10]と仮

---

10) 15tミルクローリー車を1隻あたり70台搭載し，1カ月間で15日間稼働した場合（北海道と都府県との往復2日間かかると想定）。

定すると，生乳移出29万tは，ほくれん丸およそ18隻分に相当する。

　このように，350万tの生乳移出は物理的に不可能と断言はできないが，船舶建造や港湾施設の増強といった初期投資は膨大になる可能性がある。また，西日本地域や港湾から遠い内陸工場など，生乳処理のタイムリミットである72時間以内に移送できない工場が出てくる可能性も考えられる。

3．北海道酪農の飲用乳生産特化の可能性とその影響
1）都府県での飲用乳生産残存の可能性
（1）試算の基本的な考え方

　本項では，既存試算の前提条件を基本的には踏襲しつつも，独自の方法による試算を試みる。

　既存の影響試算では，1年間を合計した需要量，ないし供給量を用いて試算が行われている。しかし，生乳の月別需要量・月別供給量は年間を通じて季節的に変動するため，月ごとの需要を供給により充たせるかどうかを検討する必要がある。特に，需要の過半を占める牛乳といった飲用乳は日持ちしないため，瞬間的な需要に応じた供給が可能かどうかが重要になる。そういった点は，年間合計による需要・供給分析では考慮されない。そこで，以下の分析では，需要量・供給量の試算を月別に行うことにする。

（2）試算の前提条件

　試算の前提条件は，以下のように設定する。

　①使用する数値は2012年度の数値を基本とする。

　②関税撤廃により，国産のバター・脱脂粉乳・チーズが，輸入乳製品に全量置き換わる。

　③北海道および都府県における飲用乳と生クリーム等（クリーム・脱脂濃縮乳）の生産量は現状を維持する。

　④北海道からは，残存する都府県の生乳生産を阻害しない範囲内で，生乳が移出される。つまり，余剰乳が発生する地域は全て北海道とする。

⑤都府県におけるバター・脱脂粉乳・チーズの生産は関税撤廃後,生産に対応する需要も含めて全て消滅するものとする。

⑥北海道の数値は北海道指定生乳生産者団体ホクレンの数値とし(2012年度:北海道内ホクレン生乳販売シェア97.4%),ホクレンの販売量は変化しないものとする。

⑦国産生乳需要量を,「牛乳乳製品統計」用途別処理量の「牛乳等向け」「クリーム等向け」の2012年度合計値とする。

(3) 試算方法

試算は以下の手順にて行う。

①最も生乳需要量の多い9月の全国・牛乳等向け需要量から,同月のホクレン・牛乳等向け供給可能量を差し引き,9月の都府県・牛乳等向け必要供給量を求める。9月のホクレン・牛乳等向け供給可能量は,〈ホクレン供給量-ホクレン・生クリーム等向け〉とする。

②9月の都府県・牛乳等向け必要供給量に同月の都府県・生クリーム等向け供給量を加え,9月の都府県・供給量(生乳生産量)を求める。

③2012年度の都府県の月別生乳生産量(「牛乳乳製品統計」)から年間の生乳生産カーブを求め,9月の都府県・供給量を基準に,各月の都府県・生乳供給量を求める。

④9月を除く各月の都府県・生乳供給量から,同月の都府県・生クリーム等向け供給量を差し引き,各月の都府県・牛乳等向け供給量を求める。

⑤各月の全国・牛乳等向け需要量から,同月の都府県・牛乳等向け供給量を差し引き,各月のホクレン・牛乳等向け供給量を求める。

⑥各月のホクレン供給量から,同月のホクレン・牛乳等向けおよび生クリーム等向け供給量を差し引いて,各月の余剰乳量を求める。余剰乳は国産生乳の需要を超える超過供給分として処理されるが,処理後は保管される必要性があるため,加工原料乳としてバター・粉乳に処理されることになる。

（4）試算結果

表補3－5にTPP締結後の地域別・用途別供給量の月別試算結果，表補3－6に試算結果の総括表を示した。

これらの結果によると，TPP締結後，北海道からの飲用乳流入によって，都府県の生乳生産量は165.1万t減少，率にすると44.9％減少して，202.6万tとなる。第2節で検討した「政府統一2013」では，都府県の飲用乳生産はプレミアム牛乳のみ残るとされ，具体的な減少率は示されていないが，今回の試算結果は「政府試算2013」よりは小さい減少率と考えられる。

一方，北海道（ホクレン）では，TPP締結後は都府県への移出拡大に伴い，牛乳等向け供給量が167.8％増加して208.7万tとなる。逆に，輸入増加の影響を被る加工原料乳は60.2％減少するものの，TPP締結後でも56.6万tが残存する結果となった。

北海道から都府県への飲用乳移出の拡大分は，「道内パック」ではなく，「生乳移出」のみで行われたと仮定し，必要なほくれん丸の隻数を試算してみる。表補3－5から，ホクレンによる9月の生乳移出量は，同月のホクレン牛乳等向け供給量21万tから同月の牛乳等向け道内処理量4万tを差し引いた約17万tと見積もられる。前項の試算より，ほくれん丸の移送量は，17万tから他の移送手段による3万tを除いた14万tとなり，これはほくれん丸のおよそ9隻分に相当する量となる。

2）需給調整弁としての加工原料乳の残存

ところで，TPP締結の結果，安価なバター・脱脂粉乳の輸入が増加する状況下でも，現状の約4割に相当する56.6万tの加工原料乳が残る。これは，純粋に余剰乳処理，需給調整の目的のためだけに，バターと脱脂粉乳が製造されることを意味している。

図補3－2は，3月を100とした場合の加工原料乳の月別発生量の推移である。TPP締結後の北海道と，比較として2012年度の北海道・都府県の発生量を示した。北海道・2012年度と比較して，TPP締結後・北海道

補論 3　酪農分野における TPP 影響試算の考察

表補 3 - 5　TPP 締結後の地域別・用途別供給量の月別試算結果

単位：t

	需要量（全国合計）	都府県供給量			ホクレン供給量			
		牛乳等向け	生クリーム等向け		牛乳等向け	生クリーム等向け	牛乳等向け	生クリーム等向け	余剰乳（加工原料乳）
4月	433,307	327,842	105,465	178,552	169,058	9,494	316,390	158,784	95,971	61,635
5月	458,158	350,642	107,516	182,812	174,312	8,500	330,621	176,330	99,016	55,275
6月	457,602	351,264	106,338	171,238	162,481	8,757	322,733	188,783	97,581	36,369
7月	459,180	348,063	111,117	168,818	160,519	8,299	328,536	187,544	102,818	38,174
8月	439,089	332,308	106,781	163,245	155,280	7,965	325,058	177,028	98,816	49,214
9月	467,160	361,043	106,117	157,492	150,587	6,905	309,668	210,456	99,212	0
10月	467,842	356,569	111,273	164,750	156,322	8,428	320,023	200,247	102,845	16,931
11月	437,427	328,733	108,694	160,288	151,806	8,482	305,465	176,927	100,212	28,326
12月	419,718	311,907	107,811	167,523	157,121	10,402	318,510	154,786	97,409	66,315
1月	416,676	320,541	96,135	171,840	163,225	8,615	323,854	157,316	87,520	79,018
2月	396,844	301,201	95,643	159,168	151,676	7,492	296,754	149,525	88,151	59,078
3月	433,828	320,571	113,257	180,519	171,675	8,844	328,797	148,896	104,413	75,488
計	5,286,831	4,010,684	1,276,147	2,026,245	1,924,062	102,183	3,826,409	2,086,622	1,173,964	565,823

資料：「牛乳乳製品統計」，ホクレン「北海道指定生乳生産者団体情報」より作成。

表補3－6 試算結果の総括表

単位：t，％

	2012年度	TPP締結後	変化率
北海道（ホクレン）	3,826,409	3,826,409	0.0
加工原料乳	1,420,945	565,823	▲60.2
チーズ向け	452,189	0	▲100.0
牛乳等	779,314	2,086,622	167.8
生クリーム等向け	1,173,964	1,173,964	0.0
都府県	3,676,875	2,026,245	▲44.9
加工原料乳		0	
チーズ向け	3,574,692	0	▲46.2
牛乳等		1,924,062	
生クリーム等向け	102,183	102,183	0.0

資料：表補3－5の結果より作成。

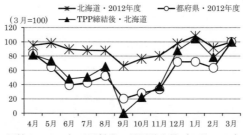

図補3－2 加工原料乳の月別発生量（3月＝100）

資料：「牛乳乳製品統計」，ホクレン「北海道指定生乳生産者団体情報」，表補3－5より作成。
注：3月の発生量を100とした場合の指数表示。

では加工原料乳発生量の年間変動が大きくなっていることが分かる。また，TPP締結後・北海道における発生量変動は，都府県・2012年度と類似している。6月から11月にかけての加工原料乳の発生量減少は，同期間における乳製品工場の稼働率低下を示唆する。すでに，都府県では需給が逼迫する夏季に，余乳処理工場として機能する乳製品工場の稼働率が低下して乳製品製造コストの上昇をもたらしている[11]が，TPP締結後は北海道でも乳製品生産の高コスト化を強いられる可能性があると思われる。

その結果，加工原料乳価を輸入品水準まで引き下げたとしても，工場

---
11) 乳業資本へのヒアリングによれば，都府県の原料乳1kgあたり乳製品製造委託料は，北海道の倍以上とのことである。

稼働コストを乳業資本単独ではカバーできず，委託製造料支払いや乳製品買い入れを通じて，農協や酪農家の負担が増加する可能性もある。

3）ホクレン・プール乳価への影響
（1）試算方法

表補3－5の試算結果から，2012年度とTPP締結後のホクレン・プール乳価を比較する。試算に用いる用途別乳価は以下のように設定する。

①用途別乳価は，2012年度のホクレン取引価格を使用する。

②2012年度の牛乳等向け乳価は，飲用乳向け（道内）・飲用乳向け（道外）・集団飲用向け・成分調整牛乳向け・発酵乳等向けの各用途別乳価の加重平均を使用する。

③チーズ向け乳価は，「ゴーダ・チェダー向け」乳価を使用する。

④生クリーム等向け乳価は，「クリーム向け」と「脱脂濃縮乳向け」の単純平均を使用する。TPP締結後の生クリーム等向け乳価は，2012年度と同水準とする。

⑤加工原料乳補給金とチーズ助成金は，2012年度単価である12.20円/kgと14.60円/kgをそれぞれ用いる。

⑥TPP締結後の牛乳等向け乳価は，北海道産生乳が都府県産生乳を駆逐していくことが前提であり，以前の乳価水準がそのまま維持されるとは考えにくい。そこで，鈴木〔2002〕で試算された完全競争下で北海道からの生乳移出が拡大した場合の飲用乳価を参考に，〈2012年度加工原料乳価＋2012年度加工原料乳補給金〉水準とする。

⑦TPP締結後の加工原料乳価は輸入均衡価格とし，表補3－2から得られたバター・脱脂粉乳の平均内外価格差2.45で，2012年度乳価を除した数値を用いた。

ただし，試算されるプール乳価は，各用途別乳価加重平均・加工原料乳生産者補給金・チーズ助成金を積み上げて求められるもので，共販経費が控除されていないほか，上記以外の補助金等は反映されていないこ

とに留意が必要である。

(2) 試算結果

表補3－7は，TPP締結後のホクレン・プール乳価の試算結果である。これによると，2012年度のプール乳価は79.65円/kgであったが，TPP締結後には73.90円/kgとなり，5.74円/kg，7.2％の下落となった。下落額の大半は，加工原料乳およびチーズ向けの減少に伴う補給金・助成金の減少によるものである。また，北海道酪農が他用途と比較して高乳価である牛乳等向け（飲用乳）の比率を高めた（今回の試算では飲用乳比率は20.4％→54.5％へ上昇）としても，プール乳価の引き上げ効果はあまりないことが示唆される。

今回の試算では共販経費を考慮できなかったが，前述のように乳製品生産の高コスト化によって酪農家の負担する需給調整コストの増大が予想される。また，試算結果で想定する生乳移出に必要なほくれん丸は9隻と試算したが，フル稼働する9月以外の月では遊休化[12]し，現状より移出単価が上昇することも考えられる。このように，TPP締結後は共販経

表補3－7　TPP締結によるホクレン・プール乳価の変化

単位：t，円/kg

	2012年度		TPP締結後		備考
		乳価(円/kg)		乳価(円/kg)	
加工原料乳	1,420,945	70.96	565,823	28.96	輸入均衡価格
チーズ向け	452,190	52.00	0	―	
牛乳等向け	779,313	90.47	2,086,622	83.16	(加工原料乳価＋補給金)水準
生クリーム等向け	1,173,964	73.23	1,173,964	73.23	
1kgあたり加工原料乳補給金	4.53		1.80		単価：12.2円/kg
1kgあたりチーズ助成金	1.73		0		単価：14.6円/kg
プール乳価(円/kg)	79.65		73.90		2012年度比7.2％下落

資料：ホクレン「北海道指定生乳生産者団体情報」，表補3－6より作成。
注：1) このプール乳価は，共販経費控除や，加工原料乳・チーズ向け以外の補給金は反映していない。
　　2) 2012年度の牛乳等向け乳価は，飲用乳向け（道内）・飲用乳向け（道外）・集団飲用向け・成分調整牛乳向け・発酵乳等向けの各用途別乳価の加重平均である。
　　3) TPP締結後の加工原料乳価は，2012年度の加工原料乳価を，表補3－5のバターと脱脂粉乳の平均内外価格差2.45で除したものである。
　　4) 乳価は全て工場着価格である。

[12] 現状では，移出量の最も少ない3月の移出量は，最盛期である9月の3分の1程度である。

費の上昇が予想されるため，その点ではプール乳価にマイナスに作用すると言える。

第5節　小括

　本論は，TPP締結により関税が撤廃された場合の，国産乳製品から輸入乳製品への需要シフトの可能性，ならびに国産乳製品の消滅を受けて北海道酪農が飲用乳向け原料乳生産へ特化する可能性を検討することを課題とした。

　まず，輸入乳製品への需要シフトの可能性については，乳製品の内外価格差は大きいうえに，原料用途が多く，それらの点で需要シフトの可能性は高いと言える。だが，現在輸入されている乳製品の品質および規格は，ただちに全ての国産乳製品と代替できる性質を有するわけでは必ずしもない。そのうえで，ナチュラルチーズをはじめとした乳製品向け国内乳価の水準，一般消費者を含む国産乳製品需要者の国産志向の強さ，日本向け規格・品質に対応した海外乳業資本の対応が，需要シフトの程度に影響を与えると考えられる。

　次に，北海道酪農の飲用乳生産特化の可能性だが，北海道から都府県へ飲用乳移出が拡大する場合，北海道への飲用乳工場集中・移転よりは，生乳移出の拡大という形態で，進行する可能性が高い。だが，移出手段増強といった初期投資は膨大になると予測される。月別の需要量・供給量の検討から，北海道から生乳移出が進む場合でも，都府県での生乳生産量は現状比で44.9%減，202.6万t残存する。また，余剰乳としての加工原料乳が，現状のホクレン販売量比で60.2%減，56.6万t残存する。また，北海道から飲用乳移出を拡大した場合，補給金収入の減少を度外視したとしても，プール乳価面のメリットはあまりない。むしろ，生乳移出コストや需給調整コストといった共販経費が増加する可能性があり，それらの点はプール乳価にマイナスに作用する。

　以上の結論から，既存のTPP影響試算・分析に対して以下の示唆が得

られる。第1に，国内生産減少は避けられないものの，特定の品目が全量輸入品に置き換わる可能性は低く，国産乳製品は一定量残存する。その点で既存試算は，輸入増加による影響を過大に評価していると言える。第2に，都府県での生乳生産は既存の影響試算以上に残存する可能性がある。既存試算は，都府県での生乳生産量減少を過大に見積もっていることを否定できない。第3に，北海道酪農の飲用乳向け生産への特化（分析上は飲用乳向け比率上昇）という「構造改革」は，酪農家のプール乳価に明確なプラス効果を与えるとは言えない。

(2013年9月執筆)

【参考文献・資料】

［１］　上野川修一編〔1996〕『乳の科学』，朝倉書店，1996年。
［２］　藤田哲〔2000〕『食用油脂―その利用と油脂食品』幸書房，2000年。
［３］　鈴木宣弘〔2002〕「不完全競争空間均衡モデルによる他地域間協調政策の評価」『寡占的フードシステムへの計量的接近』農林統計協会，pp. 73－106，2002年。
［４］　清水池義治〔2008〕「業務用乳製品市場の諸類型―乳業メーカーの市場対応による類型化―」土井時久編著『業務用乳製品のフードシステム』，デーリィマン社，pp. 72－101，2008年。
［５］　矢坂雅充〔2009〕「乳価形成をめぐる諸問題と改革の方向性」『都市問題』第100巻第1号，pp. 72－83，2009年1月。
［６］　清水池義治〔2010〕『生乳流通と乳業―原料乳市場の変化メカニズム―』デーリィマン社，2010年。
［７］　内閣官房〔2010〕「EPAに関する各種試算」，http://www.cas.go.jp/jp/tpp/pdf/2012/1/siryou2.pdf，2010年10月公表，2013年8月10日アクセス。

[8] 農林水産省〔2010〕「包括的経済連携に関する資料」,http://www.maff.go.jp/j/kokusai/renkei/fta_kanren/sisan.html,2010年10月,2013年8月10日アクセス。
[9] 小林信一編著〔2011〕『酪農乳業の危機と日本酪農の進路』,筑波書房,2011年。
[10] 鈴木宣弘〔2011〕「TPPの影響に関する各種試算の再検討」,http://www.think-tpp.jp/shr/pdf/report03.pdf,全国農協中央会,2011年,2013年8月10日アクセス。
[11] 清水池義治〔2012〕「新チーズ対策の特徴と生乳需給への影響」『農業市場研究』第21巻第2号,pp.1-8,2012年9月。
[12] 山下一仁〔2012〕『TPPおばけ騒動と黒幕』,オークラ出版,2012年。
[13] 石田一喜〔2013〕「2013年政府統一試算の再検討—TPP参加による農業分野への影響に注目して—」,http://www.nochuri.co.jp/genba/pdf/otr130529r1.pdf,農林中金総合研究所,2013年5月,2013年8月19日アクセス。
[14] TPP参加交渉からの即時脱退を求める大学教員の会〔2013〕「TPP第2次影響試算の結果発表—都道府県ごとの農業生産・所得への影響—」,http://atpp.cocolog-nifty.com/blog/2013/07/index.html,2013年7月,2013年8月10日アクセス。
[15] 内閣官房〔2013〕「TPPの試算について(平成25年3月15日公開資料)」,http://www.cas.go.jp/jp/tpp/pdf/2013/3/130315_touitsushisan.pdf,2013年3月公表,2013年8月10日アクセス。
[16] 原田泰・東京財団〔2013〕『TPPでさらに強くなる日本』,PHP研究所,2013年。
[17] 北海道農政部〔2013〕「TPPによる北海道への影響試算」,http://www.pref.hokkaido.lg.jp/ns/nsi/seisakug/koushou/tppsisan.htm,2013年3月,2013年8月10日アクセス。

著者略歴

清水池　義治（しみずいけ　よしはる）
名寄市立大学保健福祉学部教養教育部・講師。2006年5月から2008年9月まで雪印乳業(株)酪農総合研究所（当時）・非常勤研究員。2009年1月より現職。同年3月，北海道大学大学院農学院共生基盤学専攻博士後期課程（食料農業市場学分野）修了。博士（農学）。1979年生まれ，広島県広島市出身。

酪総研選書 No.93
増補版 **生乳流通と乳業**
──原料乳市場構造の変化メカニズム──

定価 本体価格 2,130円＋税　送料 300円

2015年1月16日　初版発行

著　者	清　水　池　義　治
発行者	安　田　正　之
発行所	デーリィマン社

〒060-0004　札幌市中央区北4条西13丁目
電話 011(231)5261(代表)
　　 011(209)1003(管理部)
FAX 011(209)0534
e-mail : kanri@dairyman.co.jp
URL : http://www.dairyman.co.jp

印刷所　岩橋印刷株式会社

落丁・乱丁本はお取替えいたします。
Printed in Japan　ISBN978-4-86453-031-6 C3061 ¥2130E